U0156811

伴随一生的木器和家具

从关西28位木工作家的工房开始

[日] 西川荣明——著

摄影：渡部健五、松浦光洋

曲炜——译

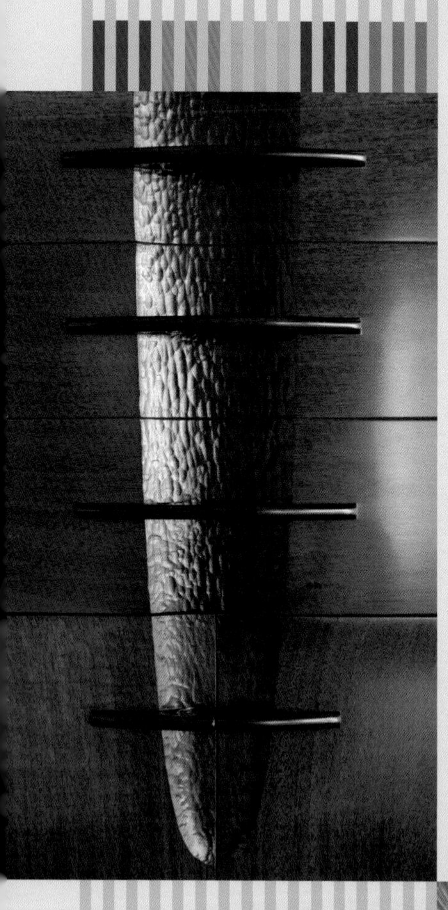

前言

这本书，讲述了一群手工作者的故事。这些手工作者居住在日本关西地区，并都以原木为材料，制作着各种家具与器物。

尽管他们都选择了木头作为原料，所完成的每一个作品却都有着各自的独特之处。这本书的书名《伴随一生的木器和家具》看似简单，但书中谈及的各式作品范围十分宽广，不仅涵盖了椅子、桌子、箱式家具、漆器、各式木制勺子和叉子等餐具，还有木制玩具、中世纪的古乐器，甚至还有由整块木头凿出的箱子，等等，形态各异。而每一个手工作者所选用的木材也同样种类丰富，从榉木、橡木、扁柏等日本原产木材，到产自北美的核桃木，以及德国的云杉，等等，他们以自己的审美体系和熟练掌握的技术为出发点，选择了各自最为心仪的木材。最终呈现在大家面前的作品之中，甚至还有一些由原木与铁、不锈钢等异类材料共同打造而成的特别之物。

本书所介绍的手工作者都有一个共同的特性，那就是“显著的原创性”。这些手工作者中，有人甚至完全属于传统工艺流派的木工作家，但他们在认真传承传统技术的同时，也在创作中融入了属于自己的新想法和新理念，最终制作出了

独一无二的作品。我们在选择这些手工作者时，评判标准并非他们是否经历丰富，是否有名，也丝毫不在乎他们是否长年仅制作椅子或家具等日用之物，我们所关注的是，他们在作品中有没有真正展示出只属于自己的独一无二的气质。

源于这些作品所带来的思考，这些手工作者的人格魅力、高超技术以及设计审美能力所带来的触动，让我下定决心要写这一本书。我希望通过这本书，能够将我感受到的一切呈现给大家，也希望大家能够开心舒畅地看完整本书。其实，当你们看到书中的这些照片时，应该就能很直观地感受到，无论哪一个作品，都有着让你忍不住低声称赞的魅力："这样的家具或器物，应该相伴一生也不会感到厌倦吧。"

另外，我想要说明的是，本书中所介绍的手工作者们，主要选自于月刊《大人组（关西）》（发行：planet the earth）以及双月刊《大人组 PLATINUM》（发行：yumedia）在2009年春季至2012年年初连载的专题《木人探访》中所登场的人物。除了这些定居在关西地区的手工作者外，日本全国还有很多同样出色的木工作者，非常可惜的是，由于篇幅有限，这次无法一一介绍。我希望以后有机会也能够逐一拜访。

从工艺品到线条细腻的家具，
能够行云流水般地运用传统技艺
并变幻自如 **木工作家**

德永顺男

Tokunaga Toshio

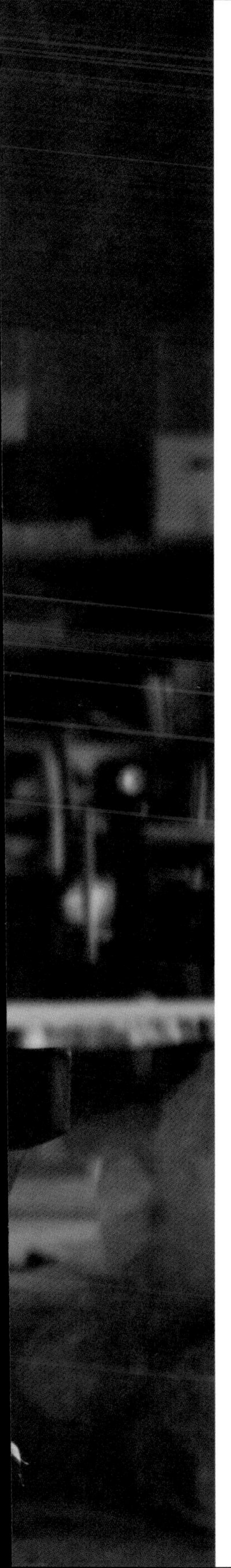

立志成为木工的农学系学生

无论是将木材本身清晰醒目的木纹和原始气息展现得一览无遗的厚重家具，还是线条简洁、坐感舒适的椅子，在德永顺男变幻自如、独创性十足的作品之中，你都可以清楚地感受到他的豪情和细腻。这些作品的设计，诞生于他良好的审美体系，从设计精良的图纸，到最终呈现在大家面前的这些个性鲜明的家具作品，这个过程便是他审美体系的具象表现。

30岁时，他的木箱作品就已经入选了日本传统工艺展。50岁时，他又幸运地偶遇了一位特殊的金属锻造师，从而得到了用玉钢所打造的特别刨子。于是，年过半百的德永顺男又进入了一个新的创作高峰，椅子作品如雨后春笋般不断地呈现在人们面前。

谈及他是如何成为这么出色的一个木工作家时，大学毕业后立刻师从竹内碧外的这一段教育经历，无疑对他有着深刻的影响和重大的意义。

德永顺男（Tokunaga Toshio）

1952年出生于兵库县，从岩手大学农学系毕业后，师从木工艺家竹内碧外。1982年，作品首次入选日本传统工艺展。1985年，被正式认定为日本工艺会正会员。1987年，在兵库县吉川町成立个人工作室。2003年，作品被选为东京国立近代美术馆《现代木工家具》展参展作品。2011年，作品在大山崎山庄美术馆举办的《关西椅子NOW》展览。

“大学时我念的是农学系。有一次逛书店的时候，很偶然地看到了记载有木工艺‘人间国宝’冰见晃堂的故事的书，‘这看上去真有趣啊’，我一下子就被吸引住了。翻看完书之后，我回到家立刻就给冰见晃堂写了一封信，希望能够成为他的徒弟。”

学校放春假的时候，德永顺男去了金泽，登门拜访了冰见晃堂。当时晃堂先生的身体状况已经不是很好了，久卧病榻的他对于指导学生这件事显然力不从心，但他依旧热心地将京都的竹内碧外先生介绍给了德永。竹内碧外不仅是圈内人众所周知的优秀木工艺家，也是京都传统木工艺的继承人。

“经过晃堂先生的介绍，我多次前往京都拜访竹内先生，见过好几次面之后，有一天他突然很认真地问我，‘将来，你是想做家具，然后开自己的家具店呢，还是只想按照自己的想法制作自己喜爱的东西?’我毫不犹豫地回答，‘制作自己喜爱的东西。’‘既然这样，那么你就来我这里学习吧。’”

现在想来，竹内碧外的这一个问题，为的就是想确认德永顺男究竟是想成为一个职人工匠，还是想成为只创作独属于自己的原创作品的木工作家。竹内擅长并想培育的，显然是后者。

入门的第一年，每天都在临摹。在师父的教育之下，开始逐步确立审美意识

大学毕业后，德永顺男立刻就去到了京都，成为竹内碧外的徒弟，当时，竹内先生已经78岁高龄。虽说成了他的徒弟，但第一年的时候，他没有教德永顺男任何关于实际操作和工艺制作上的事情。

左图：榉木制作的门上，运用了黑柿木制作的把手。

1.为太宰府天满宫千百年祭而接受的奉制复原工作，在基础结构的试做样品中，
运用了汇集各种颜色材料的木片拼接工艺——寄木细工木工手法。

2.神代象蜡木柜。柜门以埋藏在地底数百年之久的象蜡木为原材料，并结合了金属铁材料。

3.“盘腿坐椅子”。宽阔的座椅部分能够舒适地承载盘坐的双腿。原材料为榉木，表面工艺为擦漆。

4.以日本厚朴木为原料制作的椅子。顺畅自然的线条，从椅背到椅腿一贯而至，令人印象深刻。

“京都椅”（KYOTO CHAIR）。德永先生根据“泥土中自然蓬勃而生的菌菇”的印象而创作的特别作品。以京都大德寺中树龄800年的榉木为主要原材料（椅面部分使用了普通的榉木），全手工刨制而成。整把椅子拥有着特别的高贵质感，在友人之间，被尊称为“卑弥呼女王的座椅”。座宽50厘米，座高43厘米，背高80厘米。

“我还记得当时他拿了36本线装书给我，这些书全部都是关于清朝乾隆皇帝时代的古铜器的。‘从中选一些你觉得器形好看的东西临摹吧。’于是，我先是用硫酸纸覆盖在书上拓写，然后再徒手在白纸上直接临摹，每天都要把完成的临摹作品拿去给竹内先生看。他会根据我的临摹画作，指导我如何画出平衡感良好的形状。‘这个形状，这里需要再圆润一些’……每天都如此周而往复，就这样度过了入门学习的第一年。”

入门后的第三年，虽然德永已经开始在自己家里凿制一些托盘之类的简单器物，但每周仍旧要去竹内先生家学习三天。到了这个阶段，虽说已经不用再继续临摹器物了，但师父又给了他新的课题作业——每一次去竹内先生家的时候，都要带上五张设计图，每一张都必须是新画的，而且不能重样。

1

2

“这个作业真的超级难，虽然他说只要是设计图就可以，无论画什么都ok。而且直到那一年为止，他依旧没有教给我任何具体的木工技术。就算我忍不住去问他，每次他也只是说，‘没关系的，等到实际操作的时候，自然而然就能越做越好的。’”

现在想来，和常见的仅仅传授技术的教育方式不同，竹内先生教育理念的重点应该是放在了学生自我审美意识的培养和确立之上。他的教育方式，可以说是真正一对一的英才教育。

正因为受到这样的教育，才使得德永顺男在学成出师、独立成为木工作家之后，能够在传统工艺素养的基础之上，设计并制作出属于自己的原创家具。

“家具是一种代表着‘当下生活’的东西，是一种真实存在于现在这一刻的东西。光是想到在新建成的住宅楼中那一个属于自己的空间内，到底要放什么样的家具这件事，就让我涌动出无比强烈的创作欲望。是做一款与周围的器物融合为一体的家具，还是做一款夺人眼球的家具呢？光是想想就觉得有趣。”

除了自己的原创家具作品以外，德永顺男也经常会收到很多关于日本传统工艺品制作的工作委托。例如太宰府天满宫千百年祭的时候所使用的御神宝，就是他以正仓院的收藏品为原型复原制作的。

“早年的时候，竹内先生在正仓院做过调查研究，当时我也有幸一起看到了实物，所以才能够了解器物的气质和形态。”

如此想来，正是在竹内先生门下学习的十几年时间，为德永顺男现在的创作活动奠定了坚实的基础。特别是刚刚入门的那几年，从临摹到设计的反复练习，更是磨炼出了丰富细腻的感受性。如今，德永顺男也有了自己的徒弟，从竹内先生那里继承来的这一切，也成为他想真正教给徒弟们的东西。

“再怎么笨拙都没有关系，唯一要记住的就是绝对不能模仿和抄袭。只要做到这一点，就不会对所做的事情感到厌烦。”

1.德永先生爱用的工具。刀刃部分由锻造师大原先生制作。木料基台部分为青刚栎木，根据德永先生工作趁手的形状制成。
2.老师竹内碧外曾使用过的手持锯，“用起来特别方便”，德永先生称赞道。

德永家具工房
兵库县三木市吉川町锻冶屋304-1
http://tokunaga-furniture.com

一把接一把，由玉钢刨子制作出的椅子

经历了30年以上木工艺生涯的德永顺男，在55岁之后，遇到了一个非常特别的人物——来自日本刀具产地三木的刀具锻造师大原康彦。大原制作的玉钢刨子，切割能力简直无与伦比。日本的古法制铁会用到风箱，这种传统制铁方式制作而出的玉钢，就是大家熟知的日本刀的原材料。由于制作工艺的繁复和原材料的稀缺，现在已经很少会有锻造师亲自锻造玉钢。但是大原却不是一个普通的锻造师，他不仅用古法制铁，更亲自去到山间，从河川中采集制作玉钢的砂铁原料。“普通的刨子，在切割榉树的时候，通常用不了多久就刨不动了。但这个刨子却完全不同，不仅切割力惊人，而且制成作品的表面光滑程度，也和普通刨子做出来的东西有着云泥之差。”

有了如此称手的刨子，德永顺男把手中的木材削得越发飞快，甚至即使逆着木纹切割，也不会有任何问题。光是看刨花，也可以发现不同之处：玉钢刨子的刨花特别蓬松柔软，拿在手里就像一团羽毛一样。

“以前，如果是逆着木纹削木材，刨子肯定会卡住。所以总是要把手头的工作停下来，把整根木材调整到顺木纹的方向，才能继续削下去。现在就完全没有问题了，我可以完全按照心里所想的那一个理想形态，一鼓作气地削下去，不会受到任何阻断。而且就算是家具器物的凹陷部位，也能用这把刨子很快地将线条漂亮地打造出来。”

德永顺男拿出了一把名为“ KYOTO CHAIR”的椅子给大家看，这是一把因玉钢刨子而诞生的特别的椅子。光是椅子的木料就大有来头：这原本是一棵生长在京都大德寺内的榉树，有着800多年的树龄，后被台风刮倒。30年前，德永在滋贺县的木材店见到了它，并把它带回了家。“它的木纹真的是美到无与伦比，光是看着它，就开心到不行，甚至完全无法从它身边离开。到最后，我就干脆拿了被褥铺在木材上，睡了很多天。”

而“ KYOTO CHAIR”的设计，则丝毫都没有逊色于木料本身。两个扶手部分的顶端向上微微翘起，姿态万千。如果要用普通的刨子做出这个完美的细节，必定是一场耗时耗力的“苦战”，但用了玉钢刨子，就没有任何困难地完成了。而且削完之后，木料表面的触感也十分光滑，完全不需要再用砂纸进行打磨。

与大原康彦和他的玉钢刨子的相遇，让德永顺男迎来了新的创作高峰，一件又一件新的椅子作品接二连三地诞生。“这把刨子，可能有着改变整个日本木工行业的力量呢。”德永一边聊着，一边开心地削着手中的木料，幸福之情溢于言表。

在工坊工作中的德永先生和他的徒弟。

在简洁、功能性、便于使用的明确理念下制作家具

设计师·木工作家

山极博史

Yamagiwa Hirofumi

围绕着人与人之间的交流

在大阪一栋复古大楼的二楼空间内，山极博史的作品整齐地排列其中，这里就是他的作品展示厅“UTATANE”。

从书桌、沙发、凳子到黄油保存盒，甚至勺子，鲜明锐利的直线与微妙精致的曲线的绝妙组合，构成了山极作品的特别形态。

“做设计的时候超级幸福。虽然说是工作，但就好像在玩耍一样开

“UTATANE”位于一栋复古气息十足的建筑之内，在建筑物一楼入口处，山极博史先生舒适地坐在自己亲手制作的长椅上。他的一双可爱儿女从窗口望着父亲。

心。”山极博史笑嘻嘻地说着，“对于我来说，设计已经可以说是身体的一部分。”如此彻彻底底的一个设计师，同时也一个木工作家。兼具两者的山极，用自己的双手将心中所描绘的设计完美呈现出来。

“我从没有想过要一手包办所有的工作。因为对于我来说，做更好的作品，将作品的水准不断提高，才是真正的目标。所以当作品中涉及一些需要别的手艺人协助的部分，我也会拜托自己信赖的人去完成。”

比如说，椅子坐席的包布，或者是大幅度卷曲木材等工艺，肯定是要去找专业的职人帮忙的，这不仅是对于“术业有专攻”的理解和尊重，也是出于要制作真正好作品的根本理念。

“我在制作家具时，不仅仅是将其作为自己的一个作品去完成，更是站在这个家具其实是一件商品的立场上进行思考。而最先需要考虑的，就是真正的使用者。如果客人是订制家具的话，那么就要想如何与客人的想法和愿望相一致。而固定款商品的话，那么所要思考的就是，什么样的人会以什么样的方式去使用这件商品。”

在问到“UTATANE”这家店的理念是什么的时候，山极的回答简单而直接：“人与人的交流。”而在制造过程之中，则是一边进行沟通交流，一边以功能性和便于使用为重心，将家具作品最终完成。当然，成本问题也是需要考虑的重要因素。这些思考方式，山极在学生时代就已经形成了。

“我希望我制作的家具是我的同龄人能够买得起的。所以我通常会询问客人的具体预算，在不降低家具牢固度的前提下，用改变木材种类等方式，尽力将价格控制在预算范围内。”

对制作工艺的了解孕育出更好的设计

少年时代的山极很喜欢做手工，当时还对制作和改造高达机器人模型十分入迷。中学时，他就决定了选择美术专业作为继续升学的方向。大学时，他如愿以偿地进入了设计系的产品设计专业。而大学时的教授、著名设计师逆井宏先生，则真正在他心目中树立起关于设计的理念。

“和我自己的设计方针紧密联系在一起的就是‘简单的就是最好的’这个理念，而这个理念就是逆井宏教授植入我心中的。在保证功能性和便于使用这两个基本要素的同时，融合一定的原创性，是设计思考的基础。比方说椅子，外形虽然很重要，但最为关键的却是坐起来是否舒服。”

“曲线椅04”。2010年设计。材料为樱桃木，布面座椅。座椅部分尺寸，41cm（前端宽度）×36cm（纵深度）×36cm（后端宽度）。椅背高度52cm，椅面高度41cm。

大学毕业后，山极入职了一家大型的家具品牌公司，负责各个门类的家具设计。在工作中，他逐渐开始意识到了实际制作工艺和设计之间的关系。

“曲线椅05”。2011年设计。材料为核桃木，布面座椅。座椅部分尺寸为34cm（前端宽度）×26cm（纵深度）×30cm（后端宽度）。椅背高度73cm，椅面高度65cm。这一把设计感十足的高椅，将山极先生的设计审美理念体现得淋漓尽致。

“要想做出更好的产品，那么一定要对于制作工艺非常了解。只有对制作工艺的了解，才能孕育出更好的设计。”设计出大量经典座椅的丹麦著名家具设计师汉斯·瓦格纳，原本也是一个亲手制作家具的木工作家。

随着思考的深入，山极博史辞了职，只身去到长野的技术专门学校学习木工技术。在学习的同时，他还在当地的木工作家工作室里帮忙。“在学校里，可以学到很多关于木工行业的商业思考方式，而在木工作家的工作室，则可以学到很多学校里绝对不会教的小窍门和特别技术。制作效率也是一个需要重视的点，专业人士不会在同一个作品上花费过多的时间。也正因为学习了专业技术，才让我意识到，之前在做家具设计的时候，其实根本不懂木头究竟是什么。”

29岁时，山极结束学习回到大阪，成立了“UTATANE”。

山极博史
(YAMAGIWA HIROFUMI)

1970年出生于大阪府。1994年毕业于宝塚造型艺术大学产业设计科，之后入职了KARIMOKU股份有限公司，在设计部负责家具商品开发的工作。1997年辞职后，进入了长野松本技术专门学校木工科，学习家具制作技术。1999年，在大阪市东成区今里创立了“UTATANE”。2002年，在大阪市中央区开设展厅以及事务所。2011年，作品出展大山崎山庄美术馆的《关西椅子NOW》展。

うたたね
大阪市中央区本町桥5-2
http://www.utatane-furniture.com

从设计到完成，其间要经常站在客人的立场上来思考

“虽然说是大阪出生的，但我在工作方面的人脉，却一丁点都没有。所以在最早期的时候，基本每天都奔波于各个设计师事务所，四处上门推销自己的作品。”

虽然完全是由零开始，但客人们口口相传的好评，让山极有了一定的知名度。第一件畅销作品是一个凳子，现在已经成为“UTATANE”的固定款商品，也有了自己的名字——“nene”。当时，山极的朋友开了一家首饰店，他希望买一个“长时间坐在上面也不会觉得累”的凳子。于是，山极设计并制作出了一个小巧却有着舒适宽敞包布座面的凳子，凳脚线条摩登流畅，重心稳固。这个凳子，将山极关于设计的理念——简洁、功能性、客人的需求完美融合并实实在在地呈现出来。

自从成为两个孩子的父亲之后，山极开始了儿童家具的设计与制作。

“关于儿童家具，我希望做出来的作品是东碰西撞也不会损坏，牢固而安全的家具。它们应该是符合孩子们的喜好，让孩子们真正发自内心想要的家具。店里有小朋友来玩的时候，如果他们很自然安心地就能够随手拿张小椅子坐下来，那我就超级开心。”

虽然是儿童使用的家具，山极的设计理念依旧完美地贯穿其中。站在孩子们的立场上，用孩子们的视线去观察和思考，是这些家具设计和制作的原点。

几年前，他开始从事实际设计和制作以外的工作，比如说为年轻的家具制作者们开设关于设计的学习讲座，以及作为教师在专业技术学校讲课等。而面对木工入门者开设的体验工作坊，也大受好评。他还与其他非木工行业的手艺人合作，诞生了越来越多由多种材料结合而成的作品。同时身为设计师和木工作家的山极博史，施展身手的舞台日渐宽广。

1. 山极先生的大女儿琴未和“曲线椅·儿童”，是一款曾入选第五届“生活木椅展”的优秀家具作品。
2. 水曲柳材质的手持镜。手把部分的温柔的曲线，带来了良好的手持感。
3. 樱桃木材质的黄油刀以及果酱勺。

位于办公室一侧的工作车间内，山极先生正专心致志地用小刀凿刻着黄油刀作品。

壁挂钟“hana”。这款壁挂钟和名为“nene”的小凳子，都是“UTATANE”的经久热销产品，由水曲柳木制成。

小凳子“nene”的名字，源自丰臣秀吉的妻子之名，有“虽为配角，却长久真诚支持主人”的意思。

马赛克花纹编织的灯具。樱桃木材质（北美产），利用木材余料制成粗木线，编织而成。

桌面和桌脚为核桃木材料的书桌。因为将纵深度特意设计为较窄的50 cm，所以即使在比较狭小的空间也可以自由使用。放在窗边的是名为“My sofa”的沙发家具作品，这张沙发配有一个有抽屉的边桌。

洼田谦二

简洁明快的线条，
加上美轮美奂的拭漆工艺，
能带来活跃的感受性　木工作家

Kubota Kenji

引发出木材本身魅力的同时，也把自己内心的感受融入其中

洼田谦二所制作的家具，有着特别的高雅格调。这种格调不是常见的简单直白的透明感，而是真正有分量有质感的，在保持厚重的同时，又带着一份轻盈。这种格调不会给使用者或是观众带来心理上的压力，甚至还包含着纯真质朴的感觉，它将自然木材原本蕴含的力量与木工作家丰富的感受性完美融合。木工作家良好的审美能力，也在其中展现得一览无遗。

“要将木材本身的魅力最大限度地引发出来，是我一直在心里惦记着的一件事，也是我一直竭尽全力在做的一件事。在刚开始做木工的时候，我其实并不那么懂木头本身，但慢慢地就真的喜欢上了它。特别是木头的纹理，真的是迷死人。我希望自己能够将木材原本所拥有的力量和大脑中所思考的东西融合在一起并展现出来，抱着这个想法，我一直努力到了现在。但至今，我仍觉得这是件很难的事情。”

洼田谦二在家中展示着整套的家具作品，上门拜访时，跨入房间的瞬间简直让人感觉来到了洼田的世界。橡木的高背椅子、巨大的餐桌……无不散发出独特的魅力。

洼田有一件颇为钟爱的作品，那是一款长达2米多的长椅。座椅和椅腿用的木材是日本七叶树，而靠背部

根据放置于玄关这一使用场景为出发点所制作的栗木小凳子。小巧的椅背部分和椅子后腿直接连接在一起。

文中所介绍的洼田先生家，陈列着各式各样的个人作品组合。照片中他本人所坐的长座椅，是他的心爱之物。
长桌的桌面以水柚木制成，表面有着漂亮的木纹，如同老虎的皮毛纹理，桌腿和桌面可以自由组装。

分的圆柱形辐条则用的是桦木。日本七叶树的椅面，木纹流动感很强，很有气势，搭配精致而纤细瘦长的圆柱形靠背辐条，显得时髦而搭调。而笠木(靠背部分的上部横向木条）部分温柔的曲线，则给整张长椅带来了温润柔和的感觉，笠木两端自然收尾的天然质朴感，对比椅面部分人为切割而出的锐利直线，更形成了特别的平衡感。素材本身的质地与制作者的感受性，在这张长椅之中近乎完美地融合在了一起。而从这张长椅之中，也让人能够清楚地感受到洼田对于日裔建筑师及家具设计师乔治·中岛(George Katsutoshi Nakashima)和丹麦家具设计师Finn Juhl的喜爱。

“我永远都忘不了在学生时代第一次看到乔治·中岛的作品时那种巨大的心灵冲击感。在保持木材原有的自然形态和质感的同时加以设计，世界上竟然还有这样使用木材的方式。而Finn Juhl处理曲线和平面的相互关系的方式，我也很喜欢。”

洼田谦二作品的独特格调，不仅仅源于作品形态以及对于木材的有效使用，更源于一个重要的因素——拭漆加工。“天然的漆树漆可以让木材原本的纹理变得更美。而且漆树漆和木材一样，都是天然的素材，所以两者之间很搭，同时也自然地能够被人的五感所感知，因此能与人形成良好的感应与沟通。”平静地聊着拭漆加工的洼田，正是因为在学生时代就开始学习漆的知识，才走上了木工作家之路。

水柚木制成的大椅子，搭配厚重的桌子使用十分适合。椅背高度约130 cm。

创作原点来自学生时代“制作木坯真有趣啊”的想法

高中时因为听说朋友要报考艺术院校，而产生了“那我也考考看”的想法，于是有些随随便便地就开始了绘画的学习，没想到真的考上了京都市立艺术大学。因为想动手做一些真正有形状的东西，便选择了工艺专业。从大学二年级开始，学校就有关于漆的专业课程。

“专业课上，不仅有描金画、干漆、底层涂漆等内容，连如何制作漆器的木坯也教。用辘轳制木碗，用凿子凿木盘、做细木工板等各种工艺都学了，甚至课上还做了一把椅子。”

完整地学了整套做漆的工艺之后，洼田却觉得制作木坯这件事变得越来越有趣。于是在包含念大学院的整个京都市立艺术大学的在校期间，他花费了大量的时间在制作木制作品上。当然，所有作品都以拭漆工艺加工收尾。

在大学院念研究生的时候，他在京都的一个画廊里做了一个个人家具作品的展览，没有想到的是，展览期间竟然卖了不少椅子、桌子等小件家具作品。虽然在此之前，他也想过毕业后找个普通公司入职工作，但因为展览期间作品的热销，让他下定决心干脆就将木工作为生计。毕业后，在没有任何大型器械的情况下，仅仅靠着手持的电动小工具，他把自己的家作为工作室，开始制作家具作品。

“刚开始的时候，做一件简单的作品都要花上很多时间，但是却超级开心。等到工作熟练上手之后，那份开心和感动就慢慢变少了。不过，我至今仍把最初时的那份欢欣雀跃牢牢地藏在心里，这对我来说非常重要。”

最初的工作，只有一些熟人下的家具订单，不过随着个展的举办以及在各项比赛中的入选和得奖，来自日本各地的家具订单络绎不绝。

1

2

3

木工房 弓槻（ゆづき）
京都市右京区京北弓槻町恋月30
http://kubokenn.doorblog.jp/

1. 放置于工作室中的椅子，仍在制作过程中。
2. 在倚靠着工作室墙壁的栗木材料前，一边测量着木材尺寸，一边思考着作品的洼田先生。“我经常也会有特别烦恼，怎么也无法决定方案的时候”。
3. 学生时代创作的椅子，现在仍放置在工作室中，每当进行书面工作时都会坐这把椅子。

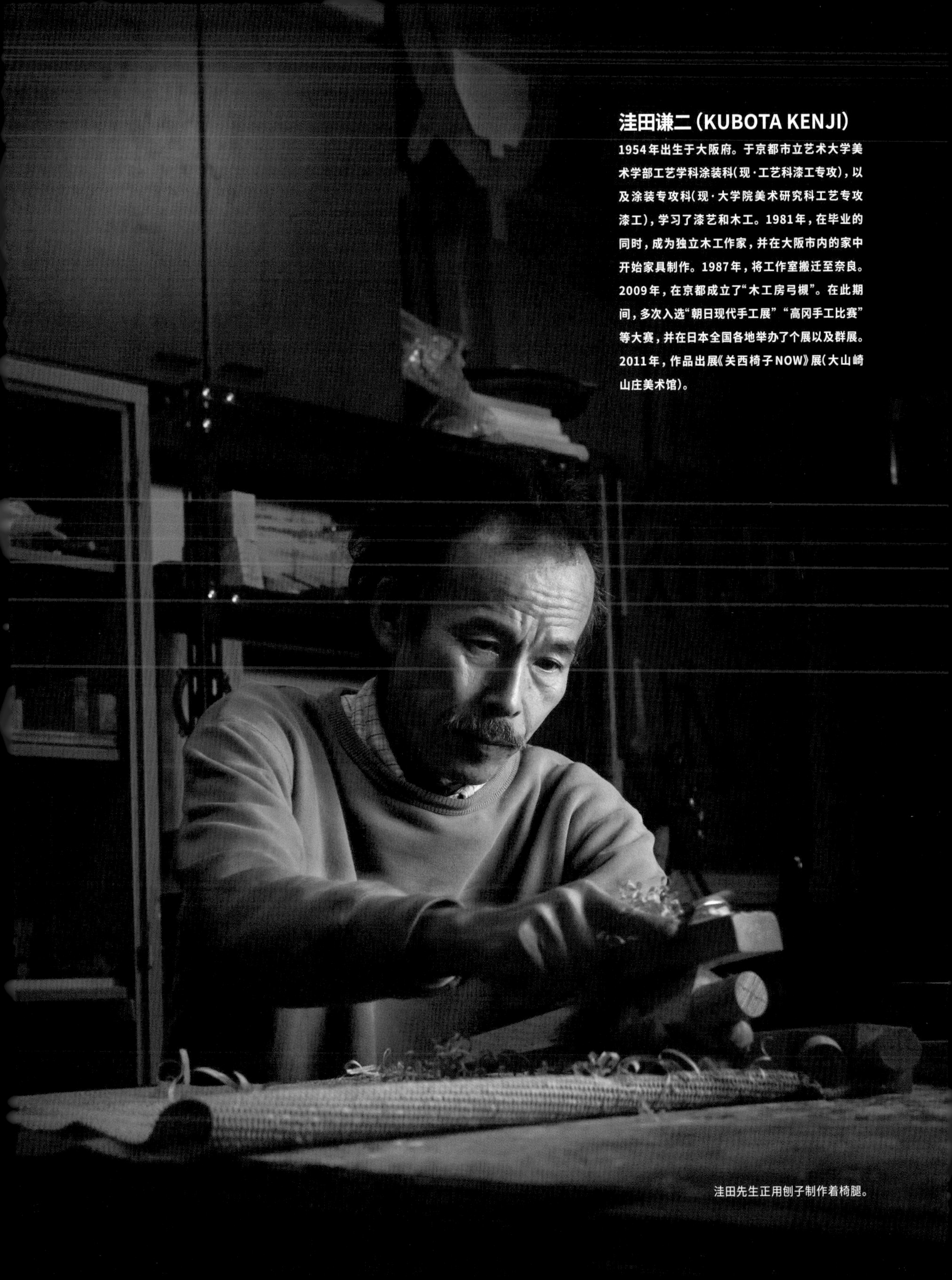

洼田谦二(KUBOTA KENJI)

1954年出生于大阪府。于京都市立艺术大学美术学部工艺学科涂装科(现·工艺科漆工专攻),以及涂装专攻科(现·大学院美术研究科工艺专攻漆工),学习了漆艺和木工。1981年,在毕业的同时,成为独立木工作家,并在大阪市内的家中开始家具制作。1987年,将工作室搬迁至奈良。2009年,在京都成立了“木工房弓槻”。在此期间,多次入选“朝日现代手工展”“高冈手工比赛”等大赛,并在日本全国各地举办了个展以及群展。2011年,作品出展《关西椅子NOW》展(大山崎山庄美术馆)。

洼田先生正用刨子制作着椅腿。

宽幅为150 cm的长座椅。座椅部分的材料是日本七叶木，靠背和椅腿部分为日本樱木，表面进行了大漆处理。“我买这块日本七叶木木料的时候，就决定要做这样一个长座椅。长座椅和条凳，都是我很喜欢的家具形式。”

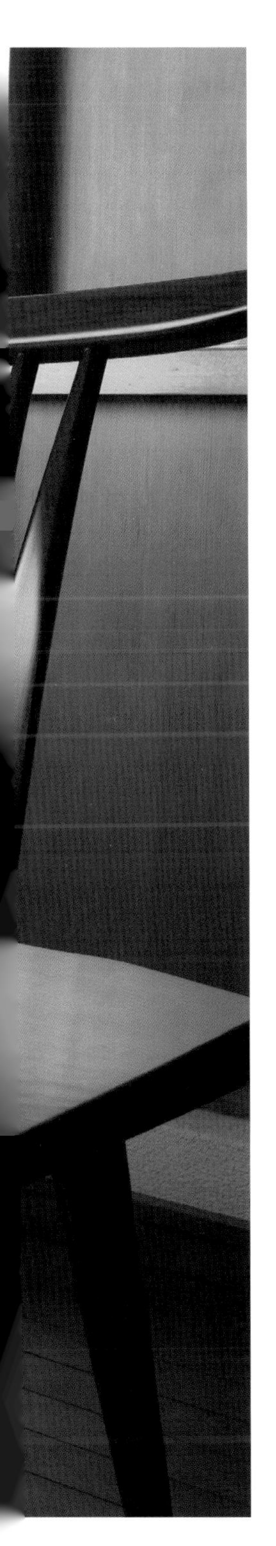

想做一把完美的终极版好椅子，无论是在设计感还是功能性上

在木工的道路上走了30多年，是洼田仍然有着心中想完成的梦想。“想把椅子做得更好,想做一把真正的好椅子，一把无论是看上去，摸上去，还是坐上去,在每一个方面都做到最好的终极版好椅子。椅子其实是一件很难做的家具，因为在设计和制作时，不仅要从前面、后面、侧面等各个角度去观察和思考视觉效果，更要考虑座椅部分、椅背部分的形状，因为无论如何，椅子都是一件用来坐的工具，所以实际坐在上面的感受是必须考虑的。做椅子非常花时间，但是，真的也十分有趣。”

洼田很喜欢现代艺术，在各个现代艺术门类中，他特别钟爱现代雕刻艺术，更是美国雕刻家Richard Serra的忠实粉丝。也许正是因为拥有这样的艺术素养，所以他对于家具中与雕刻艺术最为接近的椅子有着如此深厚的情感。

现在，洼田思考和酝酿着的作品也是一把椅子。这把椅子由客人下单订制，条件是椅子的造型要以黑泽明导演的别墅中收藏的一把木漆工艺家黑田辰秋所制作的椅子为原型。洼田在收到订单后，亲自去木料市场寻找合适的木材，他买下了一整根优质的栗子圆木，决定尝试着用它来完成这把特别的椅子。

“我不喜欢笨重或是土气的东西，我希望这把椅子拥有简洁明快的气质，最终能够以一种纤细精致的美好形态将它呈现出来。”

有着如此清晰的制作理念的洼田谦二，最终会做出怎样的一把椅子来呢?虽然结果难以想象，但可以确信的是，这一定会是一把与之前截然不同、充满了洼田谦二原创性的椅子。这把椅子的独特气质，即便是在同样擅长拭漆工艺的乔治·中岛或黑田辰秋的作品之中也不曾有过。

小桌。日本七叶木制成的桌面，有着精致的细微曲线弧度。桌腿部分为日本樱木。桌上的片口，由整块梓木雕刻而成。

木工作家

抱着『家具的本质是工具』这个信条，在制作夏克式样椅子的道路上坚持至今

宇纳正幸

Unoh Masayuki

宇纳正幸（UNOH MASAYUKI）

1960年出生于京都市。于嵯峨美术短期大学室内装饰设计科毕业后，去往飞弹高山的爱丽丝农场（1983年搬迁至了北海道）开始了夏克式样家具的制作。1985年，离开爱丽丝农场后，飞往大洋彼岸，开始了探访美国木工作家的旅程。1986年，在京都市内创立了自己的工作室。1989年，工作室搬迁至京北町（现京都市右京区）。1995年，由爱丽丝农场继承了关于制作夏克家具的图纸以及工具。2001年至2010年，作为嵯峨艺术大学观光设计科产品设计课程的外聘讲师进行教课。2011年，作品出展《关西椅子NOW》展（大山崎山庄美术馆）。

摇椅。如同雪橇板的部分的厚度仅为12mm，这是夏克式样摇椅的特征之一。照片内最右侧的椅子为儿童摇椅。

由朴素的日常生活中诞生的夏克家具

夏克家具，是一种没有任何多余的装饰，以最基本的必要性为出发点的家具。“真正有用的东西才拥有美感”，这个理念是夏克家具的基本哲学，简洁、轻便而又功能性十足的构造和设计，构成了夏克家具简单质朴却又存在感十足的特质。18世纪后半叶，夏克教的教徒们远渡重洋，由英国来到了美国，并开始在当地制作符合他们宗教教义的夏克式样家具。而在日本，夏克家具也有着根深蒂固的高人气，甚至有着为数众多的专门制作夏克式样家具以及手工艺品的木工作家。在这些木工作家之中，宇纳正幸应当是数一数二的名家。

“我在20岁的时候就开始制作夏克椅子，至今已经做了600多把。不过中途因为各种缘由，停滞过10年左右，完全没有做。”

在制作工艺上，虽然以北美枫树为原料的椅脚和横撑的圆木细柱，是用机器削割加工而成的，但组合装配却完全是纯手工作业。而椅面部分的布料编织，当然更只有靠手工才能完成。宇纳正幸从自己多年以来的制作经验之中，真正地体会到夏克椅子何以演变为现在的形态。

“就拿椅背部分人工弯曲的木料板材来说吧，这样的设计利用了板材弯曲后，木料自然恢复原本就有的力量，当人靠在椅背上时，两个相对的力量会相互作用，不仅舒适，还增加了椅背的强度。而连接四个椅脚的横撑的位置也大有讲究，仔细去看的话，无论前后左右，每一根横撑都在一定程度上进行了错开，这样的设计可以保证所承受的重量不会单独落在任何一个椅脚上。”

夏克椅子后部的两根椅脚，一直延伸到椅背部分，在它们的顶端，各有一个如同蜡烛火焰形状的木制顶端装饰，这样的装饰对于调性简洁质朴的夏克家具来说，会让人觉得有一些违和感。但事实上，这个木制顶端装饰却有着非常重要的实际功能——在削割制作圆木细柱时，如果简单粗暴地以垂直切割的方式切断木条，那么平整的切面就会立刻将空气中的潮气直接吸入木条内部，而引起各种膨胀开裂等问题。而在圆木细柱顶端制作了这个木制装饰之后，就可以完美地解决受潮问题。

“在夏克教徒们朴素的日常生活中诞生的夏克家具，是一种完全以工具为出发点制作而成的家具，无论在构造还是设计上，每一个细节都有它存在的理由。因为在美国当地很容易找到枫树，所以它就成为制作夏克家具的常见木料，而枫树木的材料特性，也颇符合夏克教徒的理念。良好的含水和油脂的比例，让这种木料不仅坚硬，同时强度也很好，即使做成细细的木条也不容易折断。而它素雅不张扬的木纹肌理，也让我非常喜爱。”

宇纳正幸充满幸福感地将夏克家具的优点娓娓道来，但谁又曾想到，他并不是因为夏克家具才踏入木工行业的。

站在工作室后院中的宇纳先生，热情地讲述着夏克家具的魅力之处。整个工作室的建筑物都是他自己建造的，其间朋友也给予了一定的协助。虽然宇纳先生并不是基督教徒，但他仍被夏克家具的魅力深深吸引。

（左）高脚椅。座高68 cm。（右）小凳子。座高45 cm。这两款椅子都以"蕾巴农社区"的椅子为原形复刻而成。材料为枫木，椅腿和横撑之间的位置关系，前后左右都保有一定程度上的错开。这个设计是为了保证椅子的承重。

一次偶然的相遇，让他走上了夏克家具木工作家的道路

父亲经营着一家制铁工厂，心灵手巧的祖父轻轻松松地就可以做出一个木箱，伯父是日本画的画家。在这样的环境中长大的宇纳正幸，从小便爱上了画画以及绘制图纸，还是小学生的时候，就经常在放学路上捡木块枝条来做各种小东西。

进了中学之后，他经常一边看心爱的《POPEYE》杂志上的美国杂货特辑，一边削制冲浪板的小模型。虽然只是脑海中一个模糊的念头，但不知从何时起，他决心在将来成为一个手工作家。

高中时，他进入了伏见工业高中学习室内设计学科，从机械加工到普通工具的操作和使用，关于家具制作的全部基础常识和技能，他都学了一个遍。他的同学们在毕业之后，基本都进了家具品牌公司或是木工工厂就职，只有他选择了继续在短期大学进修室内设计。

"高中时期的学习，主要都围绕着器物家具的实际制作，所以我就想着要多学一些关于设计方面的知识和技能。"可他没有想到的是，短期大学里所教授的课程，几乎和高中时已经学过的那些东西一模一样。虽然如此，但他依旧没有灰心，反而花了很大的心思去研究产品设计。毕业时，他的毕业作品是具有收纳功能的抽屉椅子，这也是以设计师仓俣史郎的"抽屉家具"为设计灵感制作而成的。

大学二年级时的秋天，当其他的同学都在找工作时，宇纳却一门心思在寻找能够让自己亲手制作家具器物的地方。就在那时，一个偶然的机会，他读到了一本专门介绍户外活动的杂志，而那一期的特辑写的正好是在美

座椅椅面由混纺布料带编制而成。熟练而迅速的编织过程，如同踩着音乐节奏一般。“我真的挺喜欢编织呢，喜欢那种专心致志的无我状态。”

椭圆木盒。盒身部分由枫树木料制成，盒盖和盒底为云杉木料。形似手指的接缝处，用铜制圆钉接合。这款椭圆木盒，至今仍是大人气产品，作为裁缝工具箱使用的人非常多。图中最大的盒子，宽幅约25 cm。

好的自然环境中进行创作的木工作家的故事。宇纳对于这种在自然之中进行创作的生活方式充满了憧憬。他立刻与其中的一个场地取得了联系，并实地去参观访问，因为十分投缘，他瞬时就决定住下，打起了暑期工。毕业之后，他也毫不犹豫地留在那里继续制作夏克家具。而这个地方，便是位于飞弹高山地区的爱丽丝农场。

“我倒并不是因为想制作夏克家具才去的飞弹，但巧合的是，爱丽丝农场当时正好开始启动夏克家具的制作项目。现在想来，如果当时我没有去那里，而是去了某个传统工艺家门下拜师学艺，说不定我走的就是完全不同的另一条路了。”

爱丽丝农场的主人藤门弘先生，是业界著名的夏克家具研究家，写过很多相关的著作。不过宇纳当时去的时候，他也是刚刚开始着手从夏克家具的理论研究转到实际制作，困难重重。宇纳一边做着家具，一边着力于研究如何将椅子的组合装配效率提高，甚至在治具（一种专门的工具，能够保证组合装配的速度以及准确性）的研究开发上也花了很大的力气。当爱丽丝农场由飞弹高山搬迁到北海道之后，宇纳更是埋头于工作，每天都在繁忙的家具制作中度过。就这样时光流逝，有一天，他突然意识到“虽然我很喜欢夏克家具，但不应该每天都重复着这样的组装搭配，我有我真正想做的家具——那些由我自己的思考而诞生的、有原创性的家具！”

于是，在25岁时，宇纳告别了爱丽丝农场，在同是木工作家的朋友帮助下，开始了美国西海岸的木工学习之旅，甚至还拜访了以木制橱柜作品闻名于世的著名木工作家杰姆斯·克雷诺夫(James Krenov)的工作室。在旅程中，他内心的目标愈发地清晰起来，即使自己的能力只能够筹备一个小小的工作室，那也要做自己真正想做的东西。

“在去美国之前，我一直觉得一个人单枪匹马地制作家具是一件非常困难的事情。一直困在‘只有拥有一个很大的场地以及很完备的工具和器械才能制作家具’这个执念之中。但是当我在美国遇到了很多的手工作家，其中不少人真的就只是在一个像小木棚一样的工作室里心无旁骛地做着手里的手工作品，我终于意识到自己以前的想法可能完全是错的。”

宇纳先生的原创设计“Five Spindle Chair”。创作于20多年前，曾参加过群展。原材料为柚木。构成椅背的圆柱形木条，看上去有些类似“Windsor Chair”（温莎椅），但风骨依然是夏克风十足。

椅子悬挂收纳在工作室的墙壁上，正如夏克教徒们真实生活中的模样。这样的收纳方式便于打扫，创造更多的日常空间，方便举行会议，实用性十足。基于这样的使用习惯，人们在制作椅子时会认真考虑轻量化这一问题。

回到京都之后，他在父亲的铁工工厂里借用了一块角落，正式成立了自己的工作室。当场地不够或是需要专业的器械时，他也会去临时借用其他同是木工作家的熟人朋友们的工厂。慢慢地，从小件的日常生活器物作品开始，到大件的家具作品，他的工作稳定而顺畅地运作了起来。在京都的画廊等艺术空间，他的作品也开始在各种群展以及个展中出现。从那个时期的作品来看，夏克家具并不是宇纳主力在制作的东西，当时他应该受到了杰姆斯·克雷诺夫很大的影响，所以作品基本上都是以如何更好地展现木材的质感等原有特征为思考基础，并用到了大量的组手（以十字、T字、L字等形式组合装配木制零部件的一种木工工艺）和榫卯结构。

1989年，宇纳将工作室搬迁到了现在这个地方，并使用至今。搬迁后，他越发着力于研发原创作品。1995年时，有一天他接到了爱丽丝农场主人藤门先生的电话，藤门告诉宇纳，爱丽丝农场已经决定彻底结束夏克家具的项目，所以希望他能够继承现有的所有图纸以及工具器械。反复思考之后，宇纳接受了原上司的馈赠，在自己的工作室中再一次开始了夏克家具的制作，并逐渐将半量产型的手工家具这个工作模式给确定了下来。

缝纫工作桌。高64 cm。以美国樱桃木为原材料。桌面底下的抽屉，可以自由地从前后两个方向打开。
夏克教徒们会在桌子上摆上烛台，坐在桌子边上的摇椅上，进行缝纫工作。

夏克家具中最为经典的“Slat Back”（平板座椅）。这款椅子由恩菲尔德当地的一个社区所做的椅子为原型复刻而成。

以至今为止的所有经验为基础，创造出属于自己的原创形式

现在，宇纳正在考虑一个新的工作计划，希望能够建立一个非传统夏克形式的新的品牌，这个品牌会以宇纳的原创生活道具为全线阵容。品牌的名字根据日语单词“小凳子”（koshikake）的读音为原型，最终定为了“COCICA”。这个名字清楚地表达了宇纳正幸的理念——“家具的根本，其实是一件工具。”

“小凳子是一种很简单的生活道具，人们在日常生活或工作的间歇，随时随地都可以坐在上面小憩片刻。这是一种超越了普通的家具范围，而已经上升到生活道具层面的东西。我想做的，就是这样在日常生活中有着必需性的，而同时又蕴含了我的原创性的生活道具。当然，我也会把夏克家具的精华融入其中，因为这种家具诞生于夏克信徒的日常生活，同样符合家具即是工具的理念。”

从古至今，日本有很多的设计师以及木工作家受到了夏克形式美学的影响。而仅仅从椅子的历史发展来看，夏克形式美学也通过温莎椅（Windsor chair）等经典作品的流传而被大家公认为现代主义设计中的一个起源。北欧的众多著名设计师也纷纷根据夏克椅子为原型而重新再创作了很多新的椅子作品。其中最为有名的就是布吉·莫根森（Borge Mogensen）的“夏克椅J39”。虽然这是一款创作于1947年的椅子，但至今仍深受大家的喜爱。而汉斯·瓦格纳（Hans J Wegner），也设计制作了“夏克摇椅”。

期待新品牌“COCICA”也能将夏克形式美学与宇纳正幸所思考的原创设计完美融合，有更多日常必须的生活道具早日问世。

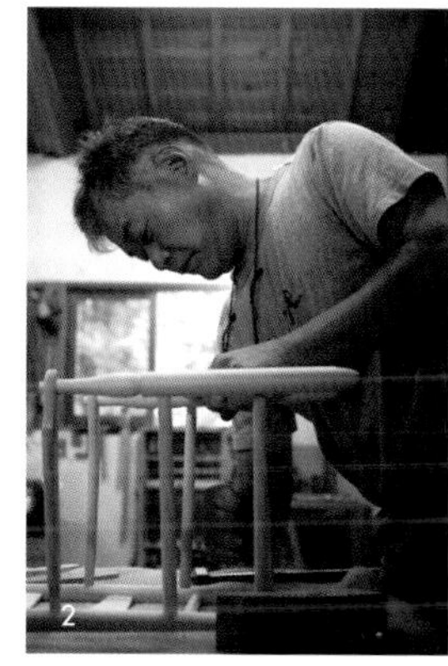

1. 夏克椅背的顶部，会有一种如同蜡烛火焰形的木制装饰，被称为“顶华”。
2-3. 正在组装儿童椅的宇纳先生。
4. 10年前，宇纳先生开启了制作夏克家具的学习塾，照片为正在教学中的宇纳先生。

夏克教（Shakers）（别译“震颤教”）
基督教的一个分支，属于基督再现信徒联合会，是贵格会在美国的分支。1774年，一位名为“安·李”（Ann Lee）的女性带领了9名教徒，自英国出发前往美国东海岸，开始了传教活动。19世纪后半叶，夏克教在美国已经拥有了超过6000人以上的教徒，18个社区。教徒们过着自给自足的朴素生活。1995年前后，因为各种新教义的产生与教内矛盾，夏克教消亡。夏克式样的家具由各个社区自主进行制作，因此在设计呈现上会有一些细微的区别。

UNOH家具工房
京都市右京区京北田贯町室次谷10-4
http://www.unoh.jp

家具作家

不拘泥于样式或类型，让木材独特的感受性焕发出全新的美感

西良显行

Sairyo Akiyuki

制作能够让人扑哧一下笑出声、充满趣味的家具

这是一件充满了冲击力的作品。从整块盘根错节的树根之中，强大的力量感、造诣之美、大自然所带来的生命力蓬勃汹涌而出。初见如艺术装置作品一般，同时又确确实实是一张具有实用功能性的桌子。

这张桌子的作者是西良显行，原材料是落羽杉。当西良第一眼看到重重叠叠、堆积如山的落羽杉气根时，肾上腺素瞬间飙升，在心中大喊了起来，“啊！太有趣了！”

“‘我这里有些古怪的材料，不知道你能不能用呢？’相熟的花木店老板和我闲聊时提及后，我去了一看，原来是用来做装置和摆设的落羽杉气根。这些气根有大有小，形态各异。杉树的气根分量很轻，而且木质很软。因为希望能够在上面放上玻璃做成桌子，所以形式很快就定了下来。但是，不仅要外形美，同时也要保证强度和承重性能，所以在如何组合搭配这些气根上，花了非常多的时间。”

“我希望我的作品充满趣味，能够让第一次看到的人忍俊不禁，扑哧一下笑出声来。”虽然如此，但这张桌子对于西良显行来说也是一个很大的挑战。创作作品时，在实际制作之前，他通常就已经用CAD制图软件将设计图纸准确地绘制出来，但是如果用这样的方式来制作这张桌子，那么光是绘制图纸，大概就要花上好几个月的时间。“所以我就完全在脑子里思考和绘制整个桌子的样子，一边想，一边按照脑子里的整体形象组合这些气根，再用螺丝钉固定起来。同时，再把气根的上部横截面逐渐磨平，这样就可以承载玻璃桌面。”

由落羽杉气根制作而成的桌子，个性十足。照片为把桌脚反置的状态。

不过，西良的作品可不仅只有此种风格，他设计制作的"矮椅(Low Chair)"线条优雅，座椅部分微微向后倾斜，坐起来分外舒适。无论是外观设计还是实用功能性，都可以与北欧设计师的作品相媲美。"我非常重视椅子在实际使用时的舒适度，所以在设计椅子时，我依据了人体工程学。"

为了达成舒适度这个目标，西良将作品原材料的选择扩张到了木材之外。就拿"矮椅"来说，连接后方两条椅腿的横撑是铁管，而座椅以及靠背部分则是布料以及皮料。这些原料的选择方式，正符合西良对自己的定位——"我并不是一个木工作家，而是一个非常了解木材的家具作家"。

通过职业训练学校的严格指导，从一个人的小打小闹到真正掌握专业技术

从孩提时代开始，西良就很喜欢动手做各种小东西。小学时，他十分热衷于雕刻小鸟模型和拆装机械设备。高中时代虽然很努力地练习着柔道，但同时还做了例如木制桌球台等各种作品。因为自觉不适合去企业就职工作，所以大学毕业后，他申请了新西兰的打工度假签证(working holiday)，在当地度过了一年左右的时间。在这段时间里，他一边骑自行车横跨新西兰大陆，一边拜访当地的雕刻家、原木独木舟制作工作室等。"大家都自由地生活着呢!"这个感想深深地影响着他。回国后，他选择了长野县的职业训练学校，进入了木工科学习。

"我从小就很喜欢用木料做各种各样的东西，而且也因为木头是一种距离日常生活很近、随处都能找到的材料，所以最终选择了木工这条道路。去到职业训练学校之后，我很幸运地遇到了严格的老师，所以从基础知识开始，扎扎实实地学了一遍。而

由落羽杉气根制作而成的桌子，长160 cm，宽90 cm，高74 cm(包含玻璃的厚度)。“以现代艺术感风格完成，一点都不会像流木家具的样子。”西良先生说在此之前，我都是想当然地自己一个人小打小闹。”

毕业之后，他在品牌家具公司工作了一段时间，后来就独立开始工作，最早的工作大多都和店铺装修相关。2002年，他还亲手改建了父母家的老房子，这栋已经有200年历史的老房子在阪神大地震中遭到严重损坏，几乎已经不能居住。在改建的过程中，西良最大限度地将原有房屋内的柱子以及横梁等建材利用了起来，甚至连墙壁都是他亲自刷的。经他之手，老房子焕然一新，还加设了包含咖啡店和画廊的店铺空间。就在差不多同一时期，他也开始逐渐确立自己的工作方式和工作方向，原创的手工作品慢慢增加，同时也开始进行对外宣传。前文中介绍的那一把“矮椅”，在2010年5月于名古屋举办的“木工作家周”《木制椅子100张》的展览中，根据普通观众的投票，被选为“最喜欢的椅子”第一名。

1.由建筑年龄200年的老家古民居改造而成的画廊兼咖啡店“ HANARE”，有着隐世小店一般的气质，在当地颇为知名。老木梁和柱子都被再次利用。

2.“ TATAMI bench-bed”卧榻，是一件融合了西洋和日式风格的作品。创作灵感是希望即使身处现代西式房间之中，也能够有躺在日式榻榻米上舒适地看电视的感觉。木结构的部分由核桃木制成。

wedge
兵库县川西市火打 2-15-24
http://www.studio-wedge.com

西良显行(SAIRYO AKIYUKI)

1971年出生于兵库县。大学毕业后，以半工半读的形式在新西兰游学1年。回国后，1997年进入长野县立松本技术专门校木工科学习。1998年就职兵库县家具品牌公司，开始制作家具和器物。1999年独立。2002年，改造老家古民居为画廊兼咖啡店“HANARE”。名为Wedge的摇椅，曾入选第三届“生活木椅展”。2014年，HANARE闭店，家具部门以“wedge”的名称开设展厅。

“HANARE”的右侧是一座拥有白色墙壁的旧式仓库，这里就是西良先生的工作室。“自从独立开始，就一直在这里工作”。

以家具界的蒙克为目标，希望能将智慧和无序融合为一个有形整体

西良显行是爵士乐钢琴家塞隆尼斯·蒙克（Thelonious Monk，1917-1982年，美国爵士乐作曲家、钢琴家，博普爵士乐创始人之一）的粉丝，甚至可以说是一个颇为狂热的崇拜者。

“蒙克的音乐真的很赞！他的乐曲编排很特别，虽然听起来会有一些违和感，但仍然让听众觉得心情舒畅。真实美好，却不矫揉造作。表里如一，没有任何保留地将全部都表现了出来。如果哪一天我能够做出像蒙克的音乐一样魅力十足的手工作品来的话，那就太赞了。”

当聊到西良显行所追求的目标以及方向时，他的回答似乎更深层次地解释了上面的那段话。

“我追求智慧和无序的并存，希望作品既能够让人感受到乐趣，又有一些混沌无序的感觉。我希望尝试各种类型的交叠，比如说木材、树脂等材料的共同使用。也希望尝试各式各样的交叠，比如说古典主义和现代主义的交融，或是日本风格和西洋风格的混搭。怎么说呢，我自己的脑子里充满了各种想法，简直有一点乱糟糟的。”

从一开始制作手工作品，也不知道为什么，“不能炫耀特立独行”的大众规矩就在脑子里扎下了根。不过虽然如此，最近却有了新的想法转变——“如果是那种能够确保实用性的‘好的特立独行’，那炫耀一下也没有什么问题吧。”由这个想法而诞生的作品，不仅有本文一开始所介绍的那一张落羽杉气根做成的桌子，还有和榻榻米匠人共同合作完成的用于西式房间的“TATAMI bench-bed”卧榻。

看着这些个性迥异的作品，似乎能够听到西良显行的作品与蒙克音乐之间的共鸣。可以想象，在接下来的日子中，会有很多富有张力和表现力的作品在西良的手中诞生。

坐在“LOW-chair”上的西良先生。无论是在功能性还是视觉线条美上，座椅部分和背部之间的角度都十分平衡良好。木材为柚木。

准确扎实的设计带来的功能性和美感，着力于制作最为适合日本人的椅子

木工作家·设计师

冈田光司

Okada Koji

希望能够做出最适合人的体型的“好椅子”

一般来说，能够被称为经典作品的椅子，大多有着美观的设计。可是与此同时，其中不少作品却让人觉得在实用性上有些欠缺，真实坐于其上时，怎么都有一些不舒服。而冈田光司的椅子，不仅有着让人眼前一亮的美好外形，而在实际的坐感上，也根据人体工程学等多方面理论进行研究。“对于椅子，我有着非常强烈的执着之心。”冈田光司说道。

“椅子是和身体接触的家具，所以我觉得它是在所有家具中，和人的关系最为亲近的。而对于制作者来说，也是所有家具中制作难度最高的一种。在实际制作椅子时，需要考虑各种各样的因素，如坐感、使用强度，才能做出一把好的椅子。不过正因为有这样那样的困难，我才越发地喜欢制作椅子。”

至今为止，从设计图纸到实际制作，冈田已经亲手完成了几十把椅子。“在学习木工制作的时候，有一次偶然看到了一个聚集几乎所有世界经典椅子作品的展览，之后，我就完全迷上了椅子。”

在冈田家的客厅里，摆放着好几把他自己做的椅子，真实地在每天的日常生活中被使用着。其中有一把“躺椅&脚凳”，曾经获得过“第一届日常生活木椅子展”的优秀奖。仔细端详这把椅子：一个大的拱形将把手部分直至前部椅脚部分全部涵盖，座椅部分和后部椅脚则连接成一个柔和的曲面，宽大舒适的座椅表面和靠背由藤条编织而成，整个椅子稳重却同时保有轻盈感，可以舒畅而轻松自在地坐于其上，简直如同北欧设计大师的经典作品。

宽敞的起居室里摆放着冈田光司自己制作的桌椅，他和妻子舒适地身处其中。

“K Chair”（左）。藤编的小凳子上，毕恭毕敬地坐着的是冈田先生的爱犬“Grayn”。

名为"Andante"的卧榻椅，滑轮的设计令日常使用中移动方便。木结构为枫木，配合宽带编制的椅面。

"实际上，真正适合使用者体型的椅子真的不多。所以呢，我想做真正的'好椅子'。所谓好椅子，并不是指那些炫技一般地使用各种手工技术做成的昂贵的椅子，当然也不是那种廉价的东西。好椅子，指的是在日本人的生活中能够长久使用的经典椅子。它们兼具了实用性和设计美，是能够称得上拥有功能美学的作品。"这样的一把椅子，在任何人的家里都可以用上几十年甚至更久。这样的椅子，才是冈田心目中真正的"好椅子"。

移居北海道，和木工的世界相遇

虽然大学时学的是经济学，但因为从高中开始就对幼儿教育很感兴趣，所以在念大学的同时进修了相关课程，并拿到了保育士的资格证书。毕业后，就进入了托儿所工作。不过，随着"在广阔良好的自然环境中生活"的想法日渐强烈，他开始在日本各地旅行，寻找理想的居住地。最终，和妻子美津代一起移居到了北海道。

一开始，他入职了一家位于札幌近郊的圆木屋（Log house，北欧和美国常见的一种用圆木柱建造的木屋）品牌公司工作。一年后，举家搬到了十胜，就开始在牧场打工帮忙。就在那个时期，他从相熟的木工作家那里听说旭川有一家职业训练学校。于是，原本就对手工制作很感兴趣的冈田，立刻入学了职业训练学校的木工科。也就在同一时期，他现场观摩了那一个对他影响深远的世界级经典椅子作品展，由日本著名的椅子研究家和收藏家织田宪嗣所举办。之后，织田宪嗣也成为旭川东海大学的教授，而冈田和他的交流学习则延续至今。

从训练学校毕业后，冈田以木工作家的身份开始独立工作，并成立了自己的工作室“ Wood Studio童”。“说起来是一个工作室，但实际上只是一个20平方米不到的空间，光是放几台最基础的机床机器就被塞得满满当当。虽然我很喜欢做椅子，但刚开始的时候，仅仅靠做椅子肯定无法生存，所以从托盘、印章盒到和式房间用的矮桌，我几乎什么都做过。”

不久之后，他搬到了札幌，开始参加各种比赛和群展，经过一段时间的努力，终于在故乡神户举办了自己的第一个个人作品展，完成了长久以来的心愿。此时，是阪神大地震(1995年)那一年的12月。

“虽然一直想着要在神户开自己的第一个个人作品展，但是因为发生了阪神大地震，所以我当时也几度觉得不可能了，差点就要放弃。但没有想到托大家的福，最终不仅办成了，而且反响很好。”

1997年，冈田重新举家搬回神户，成立了工作室并开设了展览空间。从那时开始，他在行业内越发活跃，除去家具制作以外，工作逐渐涵盖了与住宅环境相关的全方位整合设计制作。现在，他把家和工作室安置在了神户市的垂水区，并同时在芦屋开设了一家名为“ isDesign”的店铺，主要销售他自己的作品。

“ Will Chair”。弧形的椅背部分由枫木制成，椅脚部分为非洲黑檀木。

“度假椅+脚凳”。木结构部分是枫木与核桃木的合成板，椅背和座椅部分为藤编。

冈田光司（OKADA KOJI）

1964年出生于神户市。毕业于京都产业大学经济学科。曾在神户的幼儿园工作，后搬至北海道，在道立旭川高等技术专门学院学习木工。1992年创业，在旭川设立工作室。1995年，在神户举办个展。1997年搬回神户，开设工作室与画廊。1998年获得第一届“生活中的木椅子展”（朝日新闻社主办）的优秀奖。2002年，开办isDesign有限责任公司。2005年，在芦屋开店。2011年，作品入选“国际家具设计展览旭川2011”。

以人体工程学为基础的椅子设计

“从一开始做木工，我就以个人技术能够完成的实际水准为基准，设计比这个基础稍微高出一点点的东西，然后进行制作。这样一来，自己的每一个阶段都能为下一个阶段搭建稳实的阶梯。”就这样，冈田一步一步走到了今天。而关于如何和木头打交道，冈田觉得有一种很难言传的特别的直觉也很重要。

“眼睛和手，都很重要。有一些粗糙的表面，是用专业的尺子也测量不出问题的，但是用手仔细触摸就会明白。而材料表面微妙的弧度曲线，也能够通过眼睛来确认。这一种直觉是需要非常重视的。”

这一种直觉，如果仅仅从事设计工作，应该是很难明白的。只有亲自参与到实际制作中，才能够逐渐感受并掌握。在工作中，冈田在设计绘制图纸的同时，也在脑海里将实际的制作工艺从头到尾不断地进行演习。而关于椅子的设计制作，则是以人体工程学为基础，确保各个相关的数值和角度都准确无误。这样特别的工作思考方式，应该是源于冈田至今为止所积累的多种多样的工作经验吧。

“在托儿所工作时和孩子们的接触交往、建造圆木屋、牧场的工作……我觉得其实所有的事物都相互连接并互相影响着，因为有了之前的这一切，才有了我的现在。”

优良的设计、制作的简易、符合人体工程学，冈田独有的作品形式逐渐确立了下来。从今往后，面对“制作适合日本人的好椅子”这一个命题，身兼设计师和手工作者的冈田光司一定能够发挥出更多的能量。

1. 独立后不久，还在旭川居住时制作的“with印章盒”。曾获得第七届“北方生活产业设计大奖赛”的铜奖。
2. 正在制作椅子的冈田先生。工作室位于神户市垂水区自宅的一楼。在这里，冈田先生创造了各种各样的作品。

isDesign
兵库县芦屋市宫塚町11-18
フリックコートアネックス1F
http://www.koji-okada.com

以自然的状态展现美，
喜爱几何学
木漆工艺家

建田良策

Takeda Ryosaku

最终极的目的，便是让人能够使用

“美是自然之美，而非造作之美”。

这是日本民艺运动创始人柳宗悦所著的宣讲手工艺人精神的《工人铭》中记载的第一句话，也是建田良策一直铭记在心的一句话。

“我的老师黑田乾吉先生把《工人铭》给到了我手上，嘱咐我认真阅读。打开书之后，我首先读到的就是这一句话。说实话，那一瞬间，我真的受到了很大的震撼。当时，我三十多岁，正处于全力拼搏的阶段，每天都一心想着如何把作品加工得更美，为了做出美的作品，几乎用尽了全力。”

直到50岁出头的时候，建田才逐渐开始真正明白这一句话。有很多以榉树或日本七叶树的木料为原材料的作品，虽然制作时尊重了木

建田良策
（TAKEDA RYOSAKU）

1947年出生于京都府。京都大学药学部毕业。1974年，师从木漆工艺家黑田乾吉。1977年成立木工集团“木块”。1980年师从于描金画大师东端登氏。1988年，入职“树轮舍”（至1997年）。上世纪90年代，作品多次入选日本传统工艺近畿展以及朝日现代手工作品展等。1996年，在京都教育大学美术科以及技术科，作为编外讲师进行教课。2002年，开始负责木漆工艺“京都几何工房”。2011年，作品出展“关西椅子NOW”展（大山崎山庄美术馆）。近年来，着力于弥生时代的木器以及天平时代的蓝染夹缬木版等文化遗产的复原工作。

装饰柜。材料为刺楸木。宽85cm，深15cm，高30cm。

材原有的纹理，也使用了拭漆等传统工艺为其最终加工，但也许制作者太过于强调高水准的技术和过于精致的木工技巧，所以看着这些作品，总是会让人觉得有些被强逼着认同它们的美的感觉。但在建田的作品之中，你却不会感受到丝毫的压迫感。这些手工作品总是静静地流露着实用之美。这也许就是他自然的工作状态在作品上的投射吧。

“工艺作品的存在，并不仅仅是为了让制作者展现自我，最终的目的应该是让人能够真正去使用。当然，纯粹以是否好卖来作为标准去制作也是不对的。东西因为优秀而好卖，却并不代表好卖的东西就肯定是优秀的。”

建田对于实际使用这一点非常重视，会和前来订制家具的客人围绕着客人的日常生活方式、至今为止有着怎样的人生经历等等内容，进行全面而深层次的沟通交谈。除此之外，他还会亲自去到家具会被实际摆放和使用的空间踩点并拍摄照片，对将要制作的家具的印象进行把握。确定总体概念后，他才开始进行设计工作。在向客人提供方案时，他甚至还会制作5:1等比缩小的模型。为了制作适合客人体型的椅子，从多年前开始，他就会让客人坐在专门的“测量尺寸椅”上，现场为椅子的设计进行微调，就好像订做手工缝制的西装一样。

1-2.桧木拭漆佛具。佛具本体为桧木。底座是银杏木。高73cm，直径33cm。

被一张有着打动人心的力量的桌子所吸引，从而走上了木工的道路

从祖父那一辈开始，建田家便代代从医，自然而然，他也考进了京都大学的药学部。毕业后，他一心想着要去学一些手艺，走手工作者的这条道路，于是没有去任何医院或公司就业。

“我完全不会和人打交道，但如果是动手做些作品的话，那么就算自己一个人也可以从头到底完成。”

学生时代，建田经常会去京都大学北门边上一家名为“进进堂”的喫茶店，店里的一张橡木桌子让他印象深刻。“有着如此打动人心的力量，真是一张好桌子啊！我也想做这样的东西呢。”

在打听到桌子的作者是日本木工界国宝级的人物黑田辰秋之后，一心想着要拜师学艺的建田，立刻跑去了黑田先生的府上，但却因为黑田先生身体抱恙而被拒绝了。好在柳暗花明，黑田辰秋的大儿子黑田乾吉正好刚刚开设了自己的木工教室，所以就询问建田要不要去。因为这样的契机，建田开始了每周一次的木工学习，从最基本的磨刀开始，学习木工的基础知识和技能。

在此之后，建田和几个朋友一起成立了一个名为“木块”的团体，共同研究切磋各种木工的技术。他甚至还拜了画师作为师父，开始学习漆艺技能。慢慢地，他逐渐拿到了一些例如寺院中使用的抄经桌等家具的订单，开始了实际制作。与此同时，建田依然经常拿着自己的作品去向黑田乾吉登门请教，持续地进行学习交流。

“老师每一次都会给到我正确恰当的建议。甚至连同关于民艺的思考方式，都简单明了地教给了我，其中也包含《工人铭》。”

20世纪80年代末，乾吉先生决定在“树轮舍”开设木工学校，便邀请建田共同帮忙。“树轮舍”是一家专门经营销售木材和家具制品的公司，正式入职后，建田不仅仅在木工学校里帮忙指导学生，工作范围更涉及家具的制作和销售、木材的采购和仓储管理等等。同时，他也经常出差去到日本各地的木材市场。

“这段日子，让我对木头有了更多的了解，也很好地培养了我识别

2

木头的眼力。光是根据木材是否发出轻微的‘啪啪声’，就可以判断那一天的天气是否过于干燥，并通过在地面上洒水来增加环境湿度。”

1996年，建田开始以教师的身份在大学里进行木工教学。第二年，他从树轮舍辞职。自此至今，他的工作重心都放在大学教课以及订制家具的制作之上。近来，他接到了不少关于文物修复的工作邀约，大到名古屋城黑铁门和古代人类竖穴式住宅的同比尺寸复制，小到平安时代的黑柿小桌和歌舞伎面具的修复……“经常会有人拿着各种各样的东西上门，而且大多是那种也不知道要拿去哪里、拜托谁才能修好的东西。”建田自然地聊着，显得十分愉快。

家具制作，要重视人与人之间的联系

建田的工作室，名为“京都几何工房”。

“从学生时代开始，我就很喜欢图形和数学。特别是几何学，甚至都有些沉迷于解几何论证题。几何图形看起来线条清晰明了，而且在制作细木器具时，几何学的知识也很有用。反正因为各种各样的理由，我最后决定了将工作室命名为‘几何工房’。”

纵观建田良策的作品，圆形、梯形、三角形、八角形……各种形状自由自在地组合搭配成的家具，直观地诠释了他所说的观点。

“#T chair”，是一张由线条简

建筑年龄120年的建田先生的和室。

“#Z chair”，俗称为盘腿椅。可以盘腿坐在椅子上，材料为榉木。座椅宽 60 cm，高 39 cm。

左 /(Sphere chair)，材料为榉木。座椅直径 70 cm。
右 /(#T chair)，材料为水曲柳。纵深 39 cm，座高 42 cm。恰到好处的椅背的角度设计，实际使用时非常舒适。

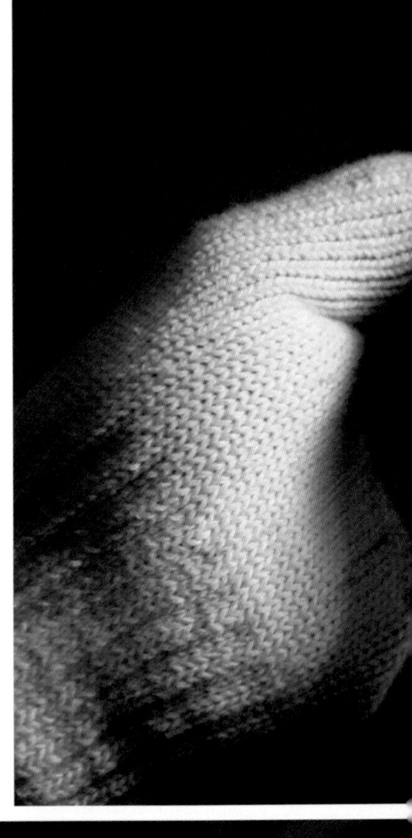

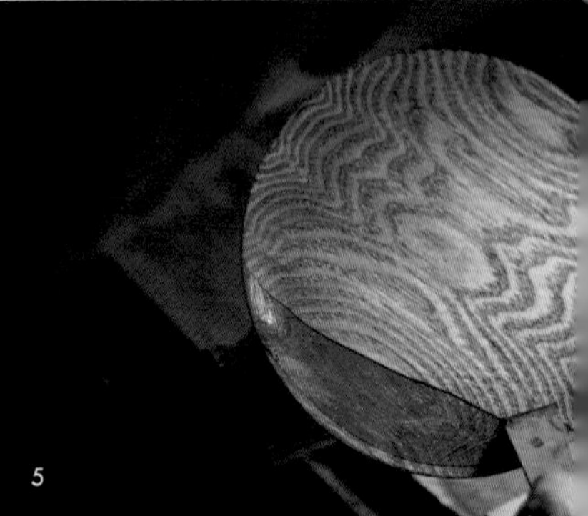

1. 正在打开“温室”的建田先生。“温室”有着干燥漆器的功能。
2. 位于自家二楼的涂漆工作室。
3. 涂漆用的小刀。
4-5. 给刺楸木底涂漆。
6. 可以看到椅子1/5内里结构的凳子，日常提供给客人示意制作工艺和结构之用。
7. 涂漆用的毛刷。毛刷所用的材料是马尾毛、人发、牛毛等。

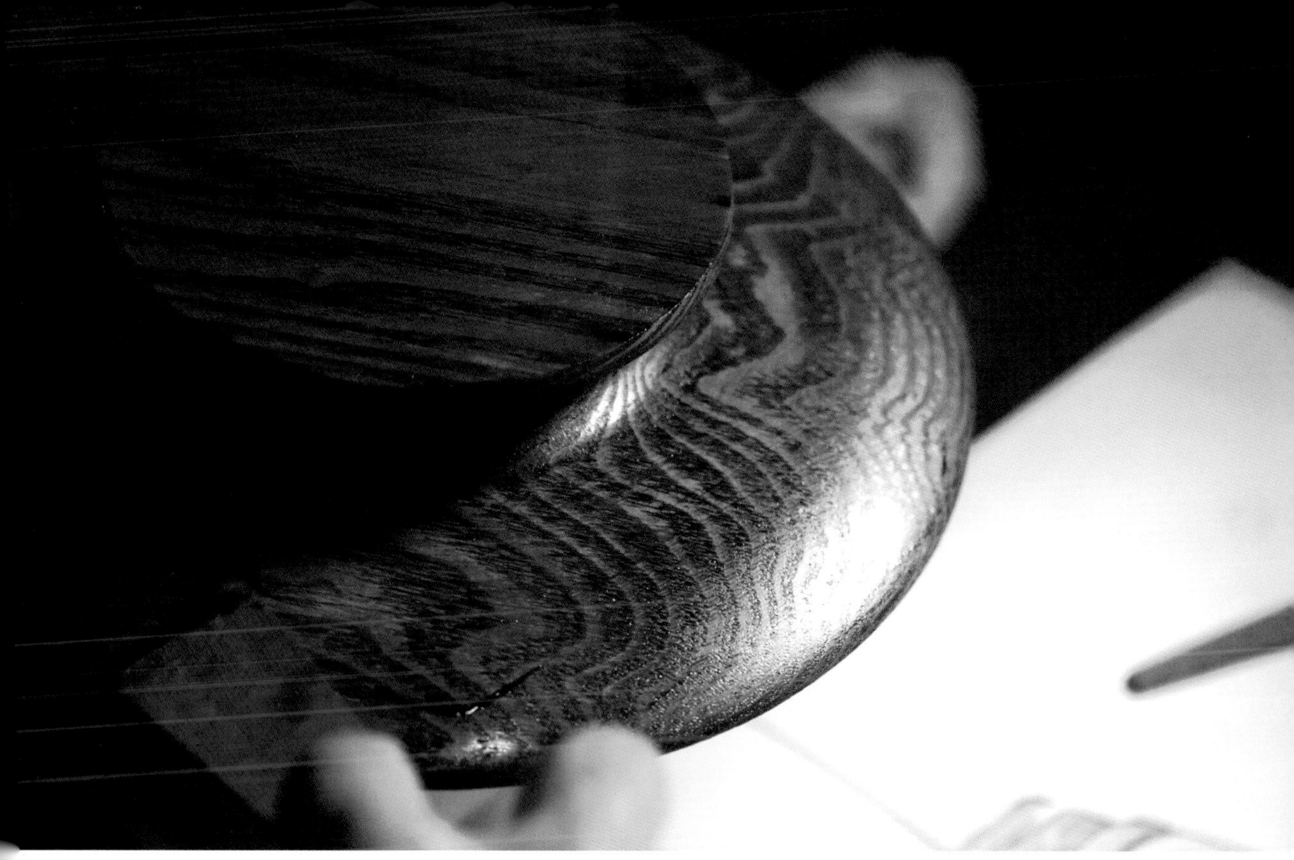

7

洁的等腰三角形前靠背和梯形后靠背连后椅脚而组成的新颖的椅子。名字中的"T"字，取自于乐器三角铁(Triangle)的英文首字母。

"Sphere chair"，以圆形为主题，sphere就是球体的意思。

"桧拭漆厨子"（由日本扁柏制成的一款佛教家具，用于放置佛像和牌位等）是八角形的，用八块木板组合装配成立体的八角形，是非常考验制作者技术的高难度工艺。而就如前文所述，用如此高超技艺制成，却不含半分炫耀之意的作品，便是建田先生的独特之处。

"虽然已经过了65岁，却越来越干劲十足，想在顾客的共同参与下，制作出更多的东西。"

虽说"因为完全不会和人打交道才选择了手工作者的道路"，但除去浮华花哨的社交以外，无论是实际组织工作，还是指导学生等，建田都能以良好的人际沟通能力完成。这一切不仅源于长时间的工作积累，更因为他对于人与人之间的真正关系的重视。

京都几何工房
京都市下京区若宫通六条下ル若宫町543
http://homepage3.nifty.com/kyoutokikakoubou/

融合两人个性，
扎扎实实地制作着无垢材家具
木工作家夫妇

朝仓亨、玲奈

Asakura Tooru · Reina

“斑比”椅(右)、“O-chair”(左)、“T-chair京都”(中央)。这些椅子都使用了木框机构组合而成。照片最深处的椅子，是亨先生学生时代所制作的。

从亲手建造自家住宅兼工作室开始

在日本国内，生活在自然环境优美的地区，两人共同制陶或是染布的手工作者夫妇颇多，一起从事木工相关工作的夫妇也能举出几对例子。但是像朝仓亨和玲奈这样，两人都从事家具制作的木工作家夫妇，倒是从来没有听说过。他们居住在群山环绕的宇治市炭山地区，在亲手建造的自家住宅兼工作室里，每天都努力地制作着家具。他们两个人原本分别在两家个性化的家具品牌公司里工作，都从事了多年的家具制作。2009年，两个人决定开始独立工作，成立了名为“京都炭山朝仓木工”的工作室。

工作室的工作流程，通常是丈夫亨先生设计图纸，然后两个人分别根据图纸，各自独立完成一件家具。当然也会有特殊情况，比如突然接到20件以上的椅子订单，而且客人要货又很急。那么亨先生就只做椅子的扶手，剩下的部分以及组合装配都由妻子玲奈完成。

开始独立工作后，两个人共同完成的第一件大作品就是亲手建造的自家住宅兼工作室。“我们看了很多的租赁房，想找一个既能居住又能作为工作室的地方，却一直都找不到合适的。因为从很早开始，我们就有亲手建造自家房子的想法，最终两个人决定干脆找一个自然环境优美的地方，亲手打造理想中的家。”

在专业建筑木匠师傅的帮助下，夫妇二人终于完成了这个建筑。而建材中所使用的杉树、日本扁柏、松树等等，也都来自京都当地，可谓做到了完全的当地材料当地消化。完成后的建筑，一楼是两人的工作室，二楼则是拥有宽敞客厅的住宅。客厅中所使用的椅子和桌子，都是两个人自己的作品，所以从某种意义上来说，二楼的客厅也成了他们展示作品的空间。

放置在起居室里的水台，由不锈钢和核桃木制成，可以直接作为厨房家具使用的设计。

起居室的椅子是朝仓夫妇的作品，两人舒适地坐于其上。右侧拥有轴状椅背设计的椅子，是“T-chair”。左侧是拥有美好背部线条的“O-chair”。

朝仓亨(ASAKURA TOORU)

1975年出生于大阪府。京都教育大学教育学部特修美术科(工艺专攻),同校研究生毕业。2001年进入"WOOD YOU LIKE COMPANY"(东京)工作。2006年,作品入选生活中的木椅展。2009年独立,创立"京都炭山朝仓木工"。

朝仓玲奈(ASAKURA REINA)

1977年出生于长野。京都教育大学教育学部特修美术科中途退学。京都市立艺术大学美术部设计科(环境设计专攻)毕业。进入设计施工公司工作后,继续在奈良县立高等技术专门学校学习木工。2004年,进入户山家具制作所工作。2009年独立。

虽共处同一所大学，却经由完全不同的道路投身木器的世界

大学时期，夫妻两人是京都教育大学特修美术科的同年级校友。虽说如此，两人却走了截然不同的学习道路。长期以来，亨先生都只喜欢产品设计，直到遇上来学校教课的木漆工艺家建田良策先生，看到了他的作品，才开始对木工也产生了兴趣。“当时，我一点都不知道拭漆工艺。第一次看到那些作品，忍不住就想要知道那惊为天人的美丽茶色究竟是怎么加工出来的。”

那一年，学校的工艺专业只有亨先生一个学生，所以上课时基本上就是一对一教学。在老师的指导下，他学习了关于凿刻木器、细木器的各种制作工艺。同时，他也经常去东京的各个美术馆以及与室内设计相关的店铺参观学习，像海绵一样大力吸收各种新的理念和想法。在参观学习的过程中，他发现了一家特别的家具品牌公司“WOOD YOU LIKE COMPANY”，和以往见到的那些流水线制作形式的家具品牌不同，这家公司的每一件商品都是由一个人从头到尾制作完成，而原材料也选用了当时业界少见的无垢材（非合成板，非合成材料，直接从圆木切割而成，不含任何化学材料的原木材料）。亨先生对于这样的工作形式几乎一见倾心。大学毕业后，他在大学里教过预科生，也做过小学的外聘教师，25岁那年终于如愿以偿地进入了“WOOD YOU LIKE COMPANY”工作。

“进公司之后，越发觉得自己是一个井底之蛙。撇开同事们高质量的作品不说，光是工作效率，我就比别人差很多。当时在工作中和客人们的沟通交流，也让我获得了很多的经验。”

为“一汁二菜上野 丰中店”（大阪府丰中市）制作的皮革座椅。

虽然在同一年，玲奈和亨先生都考进了京都教育大学特修美术科，但在入学后，玲奈发现自己真正想学习的是立体设计，于是立刻决定中途退学，去到京都市立艺术大学学习环境设计专业。在新的大学里，她学习了自己所感兴趣的住宅设计以及椅子设计。

“一边接受家具匠人的指导，一边尝试着自己设计和制作。关于具体形状的摸索过程很有趣，以实际制作为出发点的思考方式更是新鲜感十足。”

毕业后，她在与室内装修相关的设计公司里工作了一段时间，之后便去到了职业训练学校，专门学习木工技术。

“决定去学木工的原因，是因为我当时在店铺装修的工作中，看到了太多短期消费的东西，每一次装修，都可能会把前不久刚刚做好的东西全部拆掉，重新来过。这并不是我想做的事情。我想做的是那些能够让客人们长久使用下去的东西。”

从职业训练学校毕业后，玲奈去了横滨的一家家具制作工厂工作，这家工厂的主要业务是古典家具的传承和生产。当第一次在工厂里看到工人们实际工作时，玲奈被震惊了。

“无论是绘制图纸还是实际制作，每一个人的手脚都超级快，工作效率极高。而且，工厂里有很多技术高超的老把式匠人师傅，估计要花上很多年才能赶上他们。”

“波斯菊杯垫”。原材料是枫木以及核桃木等。

1 . 正在工作室工作的朝仓夫妇。一边吃饭一边聊着木工刀具以及工艺的话题。

2 . 正在雕刻着京都炭山朝仓木工名牌的玲奈。

3 . 组装榫卯结构。

由两个人的经验而诞生的，兼具稳重感和安定感的家具

2006年结婚之后，他们在各自工作场所的中间地带找房子住了下来。“哪一天，一定要独立出来，成立自己的工作室”的念头，也从那时开始萌生。

亨先生介绍道，“现在的工作重心主要放在订制家具上，我们一直在努力制作出真正符合客人实际要求的家具。站在客人的立场上去思考，是一个很好的方法。比如说，换成我们自己，这样的家具用起来是不是方便，是不是愿意花这些钱去购买，等等。”而在坚持多年之后，从各种订制家具的制作过程中，也诞生了好几把工作室原创的经典椅子作品。

“行星碟”。材料是核桃木、榉木和日本七叶树。

拥有宽阔靠背的椅子“斑比”气质安静沉稳，以榉木为原料，并在表面施以木蜡油加工。而“O-chair”则让人感受到了大胆创意以及精致手工的完美结合：由无垢材做成的把手部分和椅背上部的横木部分自然地连接为一体，稳重而曲线优美；座椅部分由数根横木组合而出，新颖有趣……

在多位木工老师傅以及木工作家的指导下的学习经历，对朝仓夫妇来说意义重大。他们在感受性以及木工技术上配合如此协调，将来会将“京都炭山朝仓木工”这个品牌发展到怎样的高度呢？真是让人期待。

京都炭山朝仓木工
京都府宇治市炭山堂ノ元23-3
http://www.asakuramokkou.com

用设计师的眼光进行观察，
将自己的思考清晰地投射到作品之中，
希望能长久地制作出永续作品　木工作家

北岛庸行

Kitajima Noguyuki

作品的一切都源于坚定的理念

个人住宅客厅中的组合桌椅、女装店的门头和货架、市政厅或图书馆等公共设施中所使用的长凳或婴儿椅……北岛庸行的作品领域颇为广泛。但无论单看任何一件，都可以感受到它们共同诞生于同一种坚定的理念。

“我希望自己制作的作品是能够扎扎实实地被长久使用的东西，更希望它们可以真正地被人们喜爱，成为一直被留存下去的永续作品。”

正因为这个坚定的理念，所以北岛制作的任何一个门类的作品，都清晰地展现着同一种独一无二的风格，如同被烙上了他的名字一般。

“如果想让客人能够长久使用，那么一定要让客人真正地喜爱上这件作品，产生难以割舍的感情。而为了做到这一点，我在制作的整个过程中，都会和客人进行密切沟通，不断听取他们的意见以及期望。只有这样，才能做出客人们真正从心底所接受的东西，才会愿意在日常生活中一直使用并将它们作为自己的心爱之物传给子孙后代。在经过长久使用后，木制品会变得越发温润而稳重。”

放置在展厅内的条凳，北岛先生坐于其上。

柚木制作的椅子。

北岛的作品中有一款圆形长凳，被安放在体育馆的门厅里。正如他所期待的那样，被人们喜爱并长久使用着。“每当周末或是假期，都可以看到前来参加比赛的运动员们热热闹闹地围坐在长凳上，开心地吃着便当……”

在负责位于京都四条的女装店“mina perhonen”的内装道具制作时，他花了很多的时间精力，与身为设计师的店主皆川明进行沟通交流。

“店铺的门头部分，是我根据皆川先生的想法，细化为具体细节后制作的。而在制作衣架时，我以对方提供的草图为基础，深化了衣架肩膀部分的实用功能性，并通过细节上的再设计以及手工制作，在保证功能性的同时，使店内最终所使用的每一件衣架都拥有了自己独特的个性。”

在和客人们的沟通之中，解读不同人的细腻微妙的期望并将其实现，当整个过程结束时，北岛能够感受到如同解开难题般的酣畅淋漓和快乐。而这样的表现力和能力，应当是源于他本身的设计师背景和经验。

从各种各样的工作经验中诞生的富有原创性的作品风格

大学时期，北岛学的是工业设计专业。当时正是日本泡沫经济的最盛时期，所以毕业时，汽车品牌和家电品牌的大公司都像抢人一般在各大院校里招人。

“就在那时，我原本对于产品设计的兴趣开始转向了家具以及建筑方面。比起大批量生产的工业产品，我觉得自己可能更适合为不同的客人制作单品的工作方式。”

毕业后，他入职了一家家具销售公司，职位是设计师。

“工作并不仅仅限定在家具的设计之上，关于销售方面也做了不少。入职3年后，我被公司派到了德国的一个家具品牌公司长期出差。在德国工作和生活的那段时间里，不仅亲身体会了德国人严谨扎实的制作工艺和理念，也因为自己当时二十来岁，正处于情感丰富的阶段，所以这段在欧洲的生活经历让我获得了各种丰富的体验。”

1.“mina perhonen”三楼的“ARKISTOT”空间，摆设着栗木架。北岛先生根据店主提出的“云层感”，创造出如同漂浮木一般的表面质感。

2.“mina perhonen”三楼名为“ARKISTOT”空间的特制衣架。

3.“mina perhonen”店铺的大门。mina perhonen是芬兰语中“蝴蝶”的意思，门上玻璃部分的创意便是蝴蝶的形状。铁制的门把手，是洋锻冶的长命佳孝先生制作的。

* 摄影协助
mina perhonen 京都店

位于五色台运动公园“aspa 五色”体育馆门厅的圆形休息椅，直径为190cm。午休时间，可以看到很多人在这里吃便当。

放置于五色图书馆门厅的条凳。原田馆长说："无论是老年人还是儿童，都可以坐得很舒适。"

回国后，他更努力地钻研家具设计以及室内设计，但由于他只是设计师，所以无论绘制了多么完美的图纸，最终的制作部分都还是要委托工匠职人们去完成，他无法参与到图纸实际成形的过程之中。这个两难的矛盾境地，让他萌发了"为什么我不亲自动手做做看"的想法。于是，他开始关注并了解周围的木工作家，最终向木工作家早川谦之辅提出了拜师学艺的请求。

"早川先生是业界著名的木工作家。他一个人在岐阜的山中默默地钻研和制作木工作品的工作方式，让我产生了很大的共鸣。当我第一次见到他本人的时候，就被他正直而坦率的性格深深感动。"

于是，已经过了而立之年的北岛开始了自己的木工学习。早川先生对他说，"你年纪已经不小了，所以要努力学，一年的时间就要出师啊。"

"早川先生教我的第一件事，就是如何磨刀和刨子等工具。如果磨不好工具，那么木头也肯定削不好。现在看起来如此理所当然的一件事情，对于当时只做过设计师的我来说，完全没有任何概念。甚至还让我产生了一个错觉，就是只要刀够快，那么什么都能够做得出来。"

那一段日子里，和早川先生之间平凡普通的日常对话，至今还令北岛记忆犹新。

"我还记得，先生经常会和我说，'要重视每一天的日常生活啊'。不要自诩为木工作家，而是要以一个生活家的身份来制作木工作品。"

洲本市立五色图书馆“儿童书籍角”的桌子和椅子。以父母亲带着孩子在这里阅读的使用场景为设计原点。

北岛庸行
（KITAJIMA NOBUYUKI）

1964年出生于神户。武藏野美术大学造型学部工艺工业设计学科毕业。1989年进入松山株式会社，从事家具和内装设计，其中1991年海外支持德国公司。1996年于松山株式会社辞职后，师从木工作家早川谦之辅。1997年独立，在兵库县筱山市成立工作室KIKA。2001年，移居淡路岛。

左图：2001年从丹波筱山搬迁至淡路岛的丘陵地带，在350坪的土地上建造了工作室、展示厅和自住空间。

随着年龄的增长，越发感受到使用木材过程中的困难重重

出师后，北岛成立了自己的工作室“Atelier KIKA”，开始独立工作。因为希望自己能够拥有自由的想象力，并在工作中将各个类别的工作融会贯通，所以在取名时，他特意选了“Atelier”这个单词，来代替木工作家工作室的名字中常见的“studio”或“shop”。而“KIKA”，则是日语中“木华”这个单词的发音。

“我希望自己能够将木头本身所拥有的美进行升华，做出更好更美的东西。但是随着自己年龄的增长和工作经验的增加，我越来越觉得这是一件非常困难的事情。因为木头真的并不是大家所想象的那么简单的材料，我们所接触的木材之中，绝大多数的木头作为一棵树木生长的年份，都比我们的年龄要大出许多。这其实是一种充满未知部分，让人心生敬畏的材料。不过即使如此，我仍然愿意不断挑战，去坚持自己的理想。”

北岛面对木头时的认真态度，让人一目了然。

“木头是非常持久耐用的，因为这种持久耐用的特性，所以在长久的岁月更替之中，木制品就变得很容易被留存下来。所以绝对不能去做一些半吊子的东西啊。”

北岛说，他希望将自己的信念贯彻于工作之中，就算到了80岁，也想一直这样工作下去。从他的作品之中，可以感受到作为设计师的审美眼光与木工作家的立场的完美融合。期待在接下来的日子中，他的作品一定会随着年龄的增长越发丰富多彩。

北岛先生画的图纸。他说：“在制作时，图纸上的线条就如同生命线一般重要，所以要负责任地完成各个细节。”

アトリエ KIKA
兵库县洲本市五色町鮎原小山田867
http://kitajimanobuyuki.com

在工作室工作着的北岛先生。墙壁上斜靠着栗木、核桃木等材料排列得整整齐齐。

在京都宇治，用家具的形式将自己在芬兰所学到的简约设计进行完美展现

家具作家

永野智士

Nagano Tomoshi

坐在高背椅“TNT2”上的永野先生。座椅部分比较小巧，宽幅为43cm，纵深为45cm。座高45cm，椅背高110cm。

源于芬兰背景的绝妙平衡感

由笔直的直线与微澜般的曲线所组成，拥有简洁舒畅的美好设计感，永野智士的作品浓浓地散发着如同经典北欧现代设计作品一般的韵味。正是永野的学习和工作经历，让他的作品形成了如此的风格和质感——他曾经在芬兰的著名家具设计师兼手工作家卡里·维勒达宁（Kari Virtanen）门下学习并工作了多年。

第二次世界大战之后，北欧家具在全世界掀起了热潮，而触发点便是汉斯·瓦格纳（Hans Wegner）所设计的椅子。不过，如果简单地用“北欧”去形容这一类型的设计产品却并不完全合适，因为即使同是北欧国家，无论是丹麦还是瑞典，不同的国

家之间的设计产品会有一定的细微风格差异。特别是芬兰，由当地传统的手工制作工艺配合芬兰盛产的桦木以及山毛榉等特色木材制作而成的家具，兼具了功能性和简约的美感，形成了特征鲜明的极简设计风格。代表设计师有以“Paimio Chair”（为结核病疗养院所设计的椅子）等作品闻名于世的阿尔瓦·阿尔托（Alvar Aalto），和以“Sauna Stool”（为酒店桑拿浴室所设计的马蹄铁形的凳子）等作品为世人所知的安蒂·努莫斯尼米（Antti Nurmesniemi）。

卡里·维勒达宁继承了这些大师级人物所开创并确立的芬兰极简设计风格，并以自己的手工制作工艺将其发扬光大。永野在卡里门下学习并工作多年后，回到了日本宇治，在芬兰设计的基础上，全力设计并制作属于自己的原创作品。

“卡里先生的作品有着绝妙的平衡感，除此以外，甚至同时还兼顾了良好的功能性和视觉美感。作品的设计看上去非常简洁，也没有用上什么花哨的木工技艺。但正是这样的作品，才真正考验木工作家的技术和手艺。”永野说道。在自己的作品中，他充分发挥着从老师那里习得的真髓。

“在线条处理上，我几乎是在追求最极限的东西。同时，我又希望自己的作品从外形看上去纤细而不笨重，所以连接各个部分的榫卯结构就需要保证足够的强度和耐用度。简单来说，就是一边研究各个部件的组合搭建，一边保证视觉上的美感，将设计图纸最大限度地完成为实物。一心一意地努力将技术工艺和设计调和到最完美的状态。”

放置于永野先生家起居室的餐桌椅组合，由永野智士的父亲永野均先生制作。最右手边的椅子是NIKARI公司出品的“KVT1”（永野智士制作）。

永野最初的代表作是一把名为“TNT1”的椅子，当时是为了一个在赫尔辛基举办的展览而特意设计制作的。这也是他入职NIKARI公司之后独立设计的第一件家具。在那个展览上，这张椅子得到了大家的好评，卡里·维勒达宁也因此给予了他“已经成为一名设计师”的高度评价。但是，当地的观众们对于这张椅子的具体评论却令永野颇为惊讶。

“虽然我是以完全的芬兰设计风格去设计并制作这件作品的，但是芬兰的观众却认为这张椅子很有日本风格，着实让我有些摸不到头脑。”

细细观察这张椅子，后椅腿部分和靠背部分连为一体，并以四根纤细精致的横木条共同组成了整体的靠背。小巧的座椅由上至下，椅脚略呈锥形，各个细节部分的加工处理精心细致，这一切又都和椅子的外形近乎完美地融合在一起。也许正因为这些细节所体现出的无法言表的和风感觉，让芬兰的观众感受到了这件作品的日本风格。

永野先生的代表作品“ TNT1”。材料是水曲柳。“ TNT”为“智士”“永野”以及芬兰语“椅子”三个单词的首字母。座椅宽48 cm、座高45 cm、椅背高80 cm。

放置在永野先生家二楼露台上的NIKARI公司出品的“KVTT1”系列的“Terassi”（永野智士制作）。
材料为美国松木。座椅后部和椅背穿插组合的方式，是其特征之一。

完成了希望在海外学习设计的夙愿

父亲是中途辞去了公司职员的工作而开始从事家具制作的。永野还是高中生的时候，每当父亲工作忙不过来，他就会帮忙一起做些事，例如用机械切割木材之类的活。虽然当时他完全没有想过将来要走木工作家这条路，但是自然而然地也从父亲那里学了不少木工手艺和窍门。从中学时代开始，他就很爱弹吉他，想着以后要从事与音乐相关的工作。因此，高中毕业后他并没有去念大学，而是选择了一所关于音响录音的专业技术学校。但是，兴趣爱好和工作之间毕竟有着很大的落差，在实际接触之后，他发现自己并不适合音乐行业。于是，毕业后他入职了一家圆木屋建造公司，开始从事施工和设计等相关工作。两年后，他跳槽去了另一家家具制造公司。

"对于我来说，建造整个家庭建筑物实在是规模过于庞大的工作。我觉得，如果说从头到尾都能一个人完成并能胜任的，应该是家具吧。"毕竟，永野从小就在父亲的工作室帮忙，早就对木工机械和工具颇为熟悉。在家具制造公司积累了四年的实际工作经验之后，他辞职去往欧洲，开始了一个为期数月的旅程。

"我一直想着，如果能够在欧洲学习设计那就太好了，所以整个旅程基本上都是在四处探访工艺以及与设计相关的学校。"

由于永野并没有在日本念过美术大学，所以很难达到海外设计学院的入学条件，最终没有完成去往自己理想的设计学院学习的愿望。但尽管如此，他也没有放弃将来要在海外学习设计的念头。回国后，他开始着手设计并制作原创家具。

就在那时，经由父亲的朋友、居住在芬兰的毛毡作家坂田RUTSUKO的介绍，永野得到了和卡里·维勒达宁在日本见面的机会。"坂田老师和我说，你要是给卡里看一下作品，那么肯定可以在设计和制作上得到他的指点，能够更好地将简约和美融合起来。"果然，在初次见面时，卡里先生指出的最大的重点便是如何理解并诠释"简约"这个概念。半年后，坂田又和永野联系，说卡里问，上次在日本见到的那个孩子愿不愿意到他的工作室工作？"非常想去！"永野的答案脱口而出。

在经历了繁复的签证申请过程之后，永野终于来到了位于赫尔辛基西面85公里处的菲斯卡村(Fiskars Village)，在NIKARI公司开始工作。菲斯卡村是由著名的专业刀具制造品牌菲斯卡在17世纪时建立，并作为生产剪刀等刀具的专业产地发展了起来，历史悠久。20世纪70年代，在工厂搬迁后，整个村子也衰败了下来。20世纪90年代初，很多设计师和艺术家移居到此地，在工厂的旧厂房和以前居民废弃的房屋中开始建立工作室，作为设计艺术村落，菲斯卡村又重新恢复了活力。

NIKARI公司是由卡里和瑞士人卢迪·梅尔(Rudi Merz)两个人为主导，共同运营的家具制造公司。永野用英语和非常简单的芬兰语，努力地与当地的设计师们进行着沟通。

在这一片森林环绕的美好自然环境中，永野埋头于芬兰家具，日复一日。最初，卡里对永野的认识只停留在"一个从日本邀请来的好木匠"的层面上，并没有对他的设计能力抱有任何期待。但他为展览会设计并制作的那把名为"TNT1"的优秀椅子作品，让卡里对他刮目相看。

2010年4月，永野告别卡里回到了日本，成立了自己的工作室"永野制作所"。在父亲的帮助下，他开始设计制作原创家具，同时取得了NIKARI家具在日本的制作许可。

NIKARI出品的"KVTP1"（永野智士制作），上面摆放着芬兰语的建筑设计类书籍。

对于家具制作来说，并不应当以炫耀奇特之处来取胜，最重要的就是踏踏实实地工作

对于设计来说，我认为最重要的就是平衡感。一个很小的细节，就可能让整个作品都变得面目全非。这是一个以毫米作为单位来计算衡量的世界。这个概念，是我在去芬兰之前完全没有领悟到的。现在回头去看自己当时的作品，会发现有很多东西的平衡感都很差。当时，几乎所有的精力都花在实际制作上了。”

当然，如果完全站在视觉平衡以及美学角度上去思考家具制作，也并不正确。在家具制作中，例如使用者实际坐在椅子上的舒适度和感受等实际功能性是一定要考虑的，而作为一个生产制作者，也要在生产性和效率性等方面进行考量……缺少任何一个方面，都无法把家具真正制作出来。

“家具的外形即使再复杂也没有问题，问题是如何将这么复杂的东西在短时间内以一个高质量的水准给制作出来。所以，除了家具本身，我也一直在思考如何制作趁手的装配工具和器械。而客人的需求也是很重要的，使用方便、外形美观、使用强度和耐用性……还有就是生产性。我所认同的家具制作，需要将这一切综合起来进行思考。”

永野至今都牢牢地记着从卡里·维勒达宁那里所学到的，“对于家具制作来说，并不应当以炫耀奇特之处来取胜，最重要的就是踏踏实实地工作”的工作态度，坚持制作着融合了良好功能性和简约理性美的家具。这应当是永野在心中所描绘出家具制作者的理想形象吧。在京都宇治这一片土地之上，从对芬兰设计的继承和发扬之中，永野应当会设计制作出更极简主义形式的家具吧。这一切，真让人期待。

1. 接头经过加工的家具部件。
2. 工作室的墙壁上悬挂着各式工具。

永野智士
(NAGANO TOMOSHI)

1976年出生于京都府。从高中开始帮助家具职人的父亲一起工作。1996年，参与了一级建筑事务所THINK的木屋设计施工。1998年进入TETORA公司进行订制家具的工作。2005年前往芬兰菲斯卡斯，师从NIKARI的设计师Kari Virtanen，参与了家具制品的开发和制作。2010年回国，创立永野制作所，开始了原创设计家具的制作和销售，并获得了NIKARI家具在日本国内的产品线研发制作授权。2011年，作品入选“芬兰和日本的生活设计展”。

永野先生的家兼工作室。他的母亲美和子是染色家。玄关处悬挂着母亲制作的暖帘。

永野制作所
京都府宇治市宇治若森14-5
http://www.n-mfg.com

上图：正在工作室中工作的永野先生。
从芬兰回国之后的很长时间，都对城市的光亮和噪音产生了违和感。

以传统技术为基石，
全力发挥自己的原创性
实力派年轻木工作家

古谷祯朗

Furutani Yoshio

制作具有工艺性要素的家具，是他努力的方向

如水波般柔缓的边线、陈列柜中央部分质朴精致的雕刻木痕装饰条、在胡桃木木纹的映衬下分外出挑的黑檀木把手……打开抽屉后，就连榫卯部分都考虑到了木色的搭配，简直妙不可言。

陈列柜“无双”，沉着稳重并略具紧绷感，同时却又散发着温柔的气息。这一个作品，将努力于家具工艺这条道路上的古谷祯郎，活灵活现地展现了出来。

“这是搭配日本的和式空间而制作完成的。我希望能够制作具有工艺性要素的家具，将工艺性良好地融合于日常生活之中，并将工艺之美展现出来。我还追求高水准的技术才能制作出来的东西。制作这样的家具，是我努力的目标。”

不停留在简单的家具制作之上，抱着清晰的目标，投身于属于自己的家具制作工作中的古谷，确确实实地发挥着他的创造力。比如说，用拭漆工艺完成的表面加工。

“对于人们来说，只要说到拭漆，总会让大家觉得是一种浓艳的东西。但是我想把它以一个明朗的形象展示出来。为了达到这样的效果，就要花很多的心思，比如说特别加强打磨的步骤等等。”

他的作品中，有很多的东西都

“黑胡桃拭漆陈列柜”。第85届国家展览工艺部国画奖获奖作品。由胡桃木制成，表面拭漆处理。手把部分是黑檀木。整个作品以凛然而立的男性姿态为设计原型，拥有特别的空间存在感。宽70 cm，纵深35 cm，高90 cm。

陈列柜“无双”的抽屉侧面。浅色部分为椴木，正面的板材和侧板由“包蚁榫”的榫卯结构衔接完成。

上图：“火焰机器人”。正面木门使用了胡桃木，大开面整块木材的使用令木纹之美展现得淋漓尽致。表面拭漆处理。宽74 cm，纵深45 cm，高38 cm。

运用到胡桃木表面的拭漆加工。而在其他木工作家的作品中，这是非常少见的。大家很少做的原因是胡桃木原本木材所含的油脂量很高，所以在涂上漆之后很难干燥。再加上胡桃木的木色较深，所以在涂上漆之后，很容易就变得黑乎乎的。但是古谷经过多年的反复研究，解决了这些问题，让做了拭漆工艺的胡桃木也能展现出清晰的木纹。

让人印象深刻的，还有他的桌子作品“黑胡桃拭漆枝脚机”。桌面和桌腿的衔接部分，乍一看似乎是由一根圆木棒插在桌面和桌腿上完成的组装，但实际上却是由整根木头雕刻而成，让人忍不住赞叹工艺之精良。

“我很喜欢做这样的细节工艺，在做家具的时候，也抱着做细木器具的心情和态度。怎么说呢，就是有点像把整块木头雕刻成一件家具的感觉。最近，我对于人类眼睛经常会产生的一些错觉很感兴趣，一直在尝试着做一些眼睛看出来的印象与实际制作方式迥然不同的家具作品。”

“黑胡桃拭漆盛器·溪”。第57届日本传统工艺展入选作品。胡桃木的木纹如同流动的溪水一般，自然而美好。

古谷祯朗(FURUTANI YOSHIO)

1974年出生于大阪府。曾在木工所工作，2001年进入福知山高等技术专门学校家具工艺科学习木工。毕业后，进入订制家具的公司工作，曾参加大量定制家具的开发制作。2005年独立后，在京都府美山町成立工作室。2006年和2008年，作品入选第5、第6届"生活木椅展"。2009年，第83届国家展览入选。2011年，"黑胡桃拭漆陈列柜"在第85届国家展览工艺部国画奖中获奖。现在为日本工艺会准会员，国画会会友。

和人见面，与人交谈，坚持保持着学习的态度

高中毕业后，古谷一边打零工一边从事着音乐活动，是一个自由职业者。但是随着年龄的增长，想到自己也不能一直这样靠打零工维持生活，所以就下定决心去了公司入职。而这个公司，恰巧是一家制作家具的木工工厂。当时他主要的工作就是用机械将各种板材组装成家具。在这家工厂里，有一个手艺非常好的工匠师傅，最擅长用无垢材制作家具。

"那个师傅看上去大概有80岁了，凿子、刨子各种工具都用得很好，非常有型。我在磨刨子的时候，他走过来凶巴巴地说'拿来给我看'，之后就开始教我怎么研磨各种刀具。因为这个契机，我开始对使用榫卯、木件衔接之类的技术制作出的家具产生兴趣，也想着什么时候要用手工工具去做做看。"

于是，古谷辞去了工作，去到了福知山技术专门学校学习木工。同时，也在夜久野町(现在的福知市)的"木与漆之馆"学习了涂漆等与漆器相关的技术。毕业后，在家具公司工作数年并积累经验后，于2005年辞职成立了自己的独立工作室。

"虽然对于我来说，并没有某一个可以介绍给别人说"这个人是我的老师"的特定的师傅。但至今为止我在不同的地方遇到的不同的人，拜访的各个木工界的大前辈，木工作家以外的陶艺、玻璃工艺方面的手工作家……我从他们身上学到了很多的东西。"正如古谷所说的那样，他十分热心学习，在日本各地都能看到他的足迹，无论是拜访前辈们的工作室，还是参观各种不同的展览，更如同海绵般地全力吸收着各种书籍文献上的知识。同时，他努力地消化所学到的各种经验和知识，将其变为自己的能力，并升华为个人的原创性。

让古谷下定决心选择这样一条道路的契机，是一位木工作家前辈所说的一句话，"家具作家如果无法靠做家具把日子过下去，那就说明他的技术不行。只要真正掌握了技术，那么肯定能够将其作为职业，生活也会有所保证的。"这一句话，让当时正因为是否要辞职独立开设自己的工作室而十分犹豫彷徨的古谷，一下子就豁然开朗了。

古谷祯朗和他制作的家具。左侧的矮柜名为“古柜”，以正仓院的收纳道具“柜”为原型。右侧为陈列柜“无双”。

“黑胡桃拭漆凿刻花器”。木纹、弧度和器物边缘的线条，形成了绝妙的平衡感。

“拭漆扶手椅神居”。胡桃木材料。第83届国家展览入选作品。座椅椅面很宽，坐起来很舒适。椅背部分的线条很贴合背部。

铁锤和凿子上下飞舞，制作着衔接部分的包蚁榫结构。

古谷祯朗
京都府南丹市美山町板桥上ノ山12-2
http://www.geocities.jp/kodama_woodwork/

右页图：“黑胡桃拭漆枝脚桌”。桌面是有着美好木纹的胡桃木整板。桌面和桌脚的衔接部分，有着如同圆棒插合一般的结构，这个部分是特意用木料雕刻而成的。

设定高的目标，展现出真正的自我风格

“毫无疑问，我是非常喜欢木头的。但是在工作中，我越来越感受到处理这种材质的难度。例如变形、膨胀，会有各种各样的问题需要面对和处理。这些问题和难度可以看作是木头这种材质的缺点，但从另一个角度来说，因为这些不确定性，我也越发地感受到了木头的有趣之处。为了解决这些不确定性，我可以尝试各种技术方法，比如说在某种情况下，我可以用某种榫卯等等。”

古谷的作品，各个细节之处都颇为用心，传统的“骑马钉”和“燕尾榫”等各种传统木工艺技巧随处可见。但是，他也并不是一味地执着于传统工艺技术，一切工艺技术的出发点都具有充分的合理性。

“制作能够用机械加工的部件时，我毫无疑问会选择机械，这样能提高效率，节约很多的时间。这些节约下来的时间，可以用在必须用手工去制作的部件和步骤上，精益求精。”

和古谷的交流之中，可以清晰地感受到他所坚持的明确的理念——以传统技术为基石，全力发挥自己的原创性，制作出更新颖的东西。

“在继承木工家具传统技术的同时，制作出拥有我自己专属风格的东西，是我的目标。最早的时候，我还想着只要能够把木工作为职业给做成了就好了。但是慢慢地，自己心里的目标就越来越高了。”想必从此以后，古谷心中所设定的目标一定会越来越高。2010年，他第一次参加日本传统工艺展时，就成功入选。2011年时，在拥有悠久历史的著名国展的公开募集中，他又获得了“工艺部国画奖”，也就是等同于最优秀奖的名次。他的工作状态愈来愈好。10年后、20年后的古谷，更让人值得期待。

一边想象着使用者的表情，一边用温柔的感性制作出富有力量的家具

设计师·木工作家

户田直美

Tada Naomi

无需过分可爱但有魅力的儿童椅子

户田直美和女儿双叶一块儿吃起了早饭。可能是因为起床时心情不好的关系，双叶并没有乖乖地坐在餐桌前的那张栗木做成的椅子上，而是一直在椅子和妈妈的膝盖之间爬来爬去。这张椅子是户田为了爱女专门制作的，虽然看上去小巧精致，却十分厚实安稳。

“最早是因为客人的订制家具需求才开始做这一款椅子的，当时的设想是要做一款即使和大人的椅子并排放在桌子前面也不会有突兀感的儿童椅。最终,具有可爱而有魅力，同时也十分有型的形象的椅子便诞生了。”

现今，“豆子凳子”已经成了户田作品中的常规基本款。这款小凳子的高度，以幼童实际坐起来最为舒适的高度为准，但除此以外，却没有更多过度讨好孩子的设计，所以几乎是一款谁都喜欢的万能小凳子。因为这张凳子作为工作时的临时座椅也十分适合，所以户田在基本款的基础上，适当调整尺寸和形状，做了很多张。与此同时,“豆子凳子”的人气也越来越高。

“这张凳子的名字由来，是因为凳面座椅部分的榫头，看上去很像正在发芽的豆子。我希望坐在这张凳子上的人，无论大人还是孩子，都能够自由自在地成长，所以就为它取了‘豆子凳子’这个名字。当然，平时我也会做其他更正式的椅子。不过在用手刨切割这款凳子的弧线时，真的也很有乐趣。”

“豆子凳子”。左/胡桃木，座高25cm。中/山毛榉，座高42cm。右/日本七叶树，座高29cm。有机会的时候真的很想开一个“豆子凳子展”。

户田直美（TADA NAOMI）

1976年出生于兵库县。京都市立艺术大学美术学部工艺科漆工专攻（木工课程）毕业。同大学院研究生毕业后，师从漆艺家具的木工职人门下学习。2001年创立工作室potitek，制作餐饮店以及家庭住宅家具为主。2011年，作品出展"关西椅子NOW展"（大山崎山庄美术馆）。

和女儿双叶一起吃早餐。女儿用的儿童把手座椅也被命名为"双叶"。原材料是栗木和不锈钢。

1

2

观察户田所设计制作的作品，很容易感受到作品所散发出的温柔的感性。但是，即使在儿童座椅这一类的作品中，也可以清晰地感受到作品所具有的力量。“她的家具有一颗强大的内心”，经常有人这样形容户田的作品。而她本人在设计以及制作的过程中，也十分重视这一点。这一切，可能源于老师在她决定独立工作时对她说过的一句话，“千万不要做半吊子的东西。否则人们肯定会说，因为你是女生所以才只能做出这样半吊子的东西。一定要做好的东西啊。”这句话，至今仍深深地烙刻在户田的心里。但虽然如此，她也没有过于将其大题小做，也没有因为这句话而感到恐惧。

“做好的东西，其实是理所应当的。好的东西，并不是指如同工业产品一样整齐划一并且完成度很高的东西，而是指那些当你看到它的时候，能够从中感受到一些特别韵味的东西。”

1.法式餐厅“ La table au japon”（京都市下京区）的椅子。材料为柚木。布料座椅（布料制作由“村上椅子”负责完成），45 cm×40 cm。座高41 cm。
2.“喫茶 fe cafe sa”（京都市东山区）的椅子。柚木材质。布料座椅(布料制作由“田渊加工所”负责完成)，38 cm×40 cm。座高40 cm。
3.“喫茶六花”（京都市东山区）的椅子。材料为柚木。布料座椅(布料制作由“村上椅子”负责完成)，40 cm×40 cm。座高42 cm。

从学生时代就开始制作用于店铺的椅子

户田出生并成长于兵库县的三木市，这是一个著名的日本刀具生产地。她的父亲是一位专门制作凿子上连接木柄和金属部分的金属环部件的匠人。因此对于户田来说，手工制作这个行业并不陌生。孩提时代，她十分喜爱画画，当时的理想就是长大要成为一个绘本画家。因为同时也对于建筑和木工行业很感兴趣，所以在考入艺术大学后，她选择了工艺系的木工专业。在大学时代，她的作品基本上都是一些像装置艺术品一样的家具。考上研究生后，也遇到过制作酒吧的凳子等实用家具的机会，但是她的作品却经常被前来大学里指导木工手艺的职人老师批评。

毕业时，她也考虑过是否要去品牌家具公司工作，但是老师和她分析道，“你的性格很适合做销售，要是入职了品牌家具公司，很有可能就被分配去做销售了。”于是她想，既然如此，那干脆就自己干吧。为了提升自己的手艺，她去到了一个著名的漆艺家具职人的门下，开始了学习。

“虽然在那里只待了半年的时间，却学到了很多很多的东西。特别是扎扎实实地学习了刨子的使用方法。至今我还牢牢地记着老师说的‘线条是连绵着的’那句话。‘家具上的每一根线条，看似独立，其实是连绵不断的。你如果把它们当成独立的线条去不断地割断削断，那么线条就僵硬了，好像死了一样。要像削木刀那样处理线条才行。’所以我现在即使在用机器去削割木头时，都会一直想着要处理出连绵的线条这件事，要做出富有张力而又紧绷的线条来。”

25岁时，户田开始了自己的独立木工作家的生涯。她在学生时代就一起交流学习和工作的建筑师朋友的工作室里借了一小块空间，作为自己的工作室，承接各种设计以及与木工相关的工作。由于父亲深知这一行的困难重重，所以一度非常反对，认为她这样是做不起来的。此外，就如前文中提到的，老师也对于她要作为一个女性独立木工作家生存下去这件事，提出了很多的建议。

鞋拔子制作中。

小凳子的背面，烙印着代表potitek的“P”字母。

正在工作室中组装椅子的户田直美。

户田直美的丈夫上田太一郎经营的“UETO saloon & bar”（京都市东山区）的椅子。柚木材质。皮料座椅（皮料制作由“村上椅子”负责完成），座椅面宽（前）36.5cm，面宽（后）32cm，纵深36.5cm，座高46cm。

专攻自己擅长的事情

户田是一个非常开朗、精力旺盛的女士，直爽的性格让她拥有了很多的朋友。“和人们的相遇以及因此所发生的种种事情，我都认为是命运的安排。重视所遇到的人以及和人相关的事情，良好顺利地处理各种人情世故，是我非常喜欢的。”和她聊一下天，就能明白以前学校的老师为什么会说她很适合做销售。

的确，独立工作后，她的事业因为她的性格和处事方式而顺利地开展了起来。熟悉的建筑设计师朋友经常根据自己所设计的店铺需求，问户田订一些家具，这些店铺开业后，店内的家具受到很多客人的喜爱，于是便纷纷找到户田订制自家的家具。因为户田也帮一些餐厅做过家具，作品得到了餐厅主厨们的喜爱，所以他们在辞职独立开设自己的餐厅时，也会立刻想到要找户田帮忙做家具。还有一些原本只是找她做空间设计的客人，就着设计图纸聊着聊着，空间里想要摆放的家具的模样就逐渐清晰起来，于是干脆就让户田连空间带家具都一并设计完成了。

“我希望我所做的东西，能够清晰地反映使用者的面貌。‘这些作品，是为了某一个特定的客人专门制作的’，这个念头是我一直时时刻刻牢记在心的。如果不是这样的话，我甚至都无法干劲十足地工作。”

近期，也有不少想成为木工作家的年轻女性来找户田商量咨询。同时身兼母亲、妻子、设计师、木工作家等多重身份的户田活跃的身影，应当让她们十分好奇吧。而户田给她们的建议也十分简单明了，那就是——专攻自己擅长的事情。

“女性手工作者能够做很多男性做不了的事情。比如说，很多客人都是女性，在前期沟通时，同样身为女性的我们，不会让客人感到压力，大家能够舒畅地进行沟通。当生了孩子之后，大家还可以很热闹地聊各种关于育儿的话题。我真的期待能够出现越来越多的女性木工作家。”

除了在小家庭中所担当的母亲和妻子的角色以外，对于其他那些想要在木工的道路上前行下去的年轻女性来说，户田应该也是大家的姐姐吧。

吧台内，太一郎先生用于小憩的高凳。材料为柚木，座高65 cm，座椅直径17.5 cm。

potitek
京都市东山区本町12-218 T-room
http://potitek.com

一人椅子店，从更换椅面到原创家具制作

椅子店主

桧皮奉庸

Hiwa Yoshinobu

从事家具制作的契机，是感受到幸福的那一瞬间

“我不希望别人把我当作木工作家或是整修椅子职人之类的，我希望大家叫我‘开椅子店那个人’。”

3年前，桧皮奉庸在神户北区开了一家小小的椅子店，这并不是一家大家常见的摆满家具的室内用品店。这家店更像一个小工作室，从修理摇晃的椅子、更换椅面，到订制家具……都由桧皮一个人完成。等待修理的椅子，做到一半的各种木制框架，满满当当地放满了房间。

“无论是制作家具还是更换椅面，我都同样对待，不会有任何差别。面对这些工作，最为重要的一点就是要尊重使用者的想法。不少被拿来修理的椅子，都已经在客人家里用了十几年甚至几十年，虽然可能原本并不是太过昂贵的东西，但是对于带它们来修理的客人来说，这些和整个家庭共同生活了那么多年的椅子，已经完全是家庭成员之一了。在修理这些椅子时，一定要尊重和重视客人对于它们难以割舍的情感，认真谨慎地修理并让它们获得新生。”

桧皮很喜欢“预兆”这个词语。当感受到“啊，这样的话应该就会有一个很好的预兆”的瞬间，心中涌起的幸福感支持着他的全身心，成为他继续努力下去的动力。

“如果通过我的双手制作或者修理的家具，能够成为让使用者感受到幸福的契机，那就太好了。而事实上，我就是一边抱着这个想法，一边制作和修理椅子的。”

正在修理使用已久的椅子座面。弹簧部分全部换新，并用绳子固定。

收藏于木户先生家中的椅子。椅背的棒状结构由北美水曲柳制作。其他部件则由北美胡桃木制作。整张椅子有着设计师兼建筑师George Nakashima的风范，而桧皮先生的手工更为它增加了质感。椅背部分由刨子手工刨制，坐于其上，背部与弧线完美贴合。

在经典座椅的制作中积累经验，走向独立木工作家的道路

在年幼时，桧皮就是一个十分心灵手巧的孩子。他的叔父是一个专门雕刻格窗的职人，因为这个关系，他很小的时候就考虑过长大后要从事木工行业。但是在高中毕业后，因为机缘巧合，他去了厨师专业学校学习。毕业后，他也顺理成章地去了京都的一个日本料理餐厅工作，但不久之后，餐厅却因为经营不善而倒闭了。于是，桧木去了信州，开始在一家农户家中打工。而也因为这个原因，他从同事那里得知了有职业训练学校能够从基础开始学习木工。

“在得知有木工职业训练学校之后，我十分感兴趣，就马上开始进行了解。虽然关西也有木工学校，但是想到当地没有认识的朋友，所以最后选择了宇和岛的木工学校。”

入学数月后，有一次，他和同学们相约一起去参观香川的樱制作所。樱制作所是业界著名的木工工作室，制作着日裔建筑师及家具设计师乔治·中岛（George Katsutoshi Nakashima）所设计的家具。

“当我第一次看到那些家具的时候，简直被震撼到了。日本风格的设计、木材原本的美好特质都被展现得淋漓尽致……包括制作工艺技巧，都让我非常想去学习。”

被乔治·中岛的完美设计和优良品质所深深吸引的桧皮，毫不犹豫地立刻向樱制作所提出了入职申请。虽然当时樱制作所并没有对外招募员工，但是碰巧正好缺人，所以应允了桧皮的求职申请。从木工职业训练学校毕业后，他立刻就在樱制作所开始了工作。入职后，他被分配到了椅子制作部门。

“最初的工作是在师傅的指导下，削割用在椅背上的圆柱形木条。仅仅这一个工艺，就反复做了很久的时间。之后，才慢慢开始制作乔治·中岛的椅子的其他部件。前后大约5年半的时间里，主要工作都是围绕乔治·中岛的椅子在进行。到最后的阶段，我终于能够绘制跟原物同尺寸的图纸，并根据图纸将椅子作品制作完成。”

感受到了椅子的非凡魅力之后，桧皮开始思考将来在独立工作后，要把椅子制作作为工作的重心。为了扩大工作能力范围，桧皮决定辞职，去学习除了木工以外的椅子工艺——更换椅面的专业技术。在神户的更换椅面的老师傅门下扎扎实实地学习了一段时间之后，他入职了位于飞弹高山的品牌家具公司KITANI，这是一家拥有著名北欧家具品牌专业生产许可证的家具公司，在业界非常有名。

“在那里，我也负责经典款椅子的修理工作，这一段工作经历让我获益匪浅。比如说丹麦设计师芬·祖尔（Finn Juhl）的单人沙发扶手椅，坐垫里用到了椰棕等天然原料。而在此之前，我几乎没有任何机会接触到这一类材料。在修理修复中，如何用原本的制作方式以及同样材料做到以旧复旧，也是我当时学到的重要经验，至今仍影响着我。”

经过这些年的学习和工作，桧皮终于在2007年5月成立了自己的独立工作室。

桧皮奉庸
（HIWA YOSHINOBU）

1976年出生于兵库县。高中毕业后曾学习过厨艺，后进入爱媛县立宇和岛高等技术专门学校学习木工基础。1999年，入职樱制作所（高松），主要负责乔治·中岛的椅子的制作。经过5年半的工作后辞职，前往神户山崎椅子店学习椅面制作。2005年，入职品牌家具公司KITANI（岐阜县高山市），主要负责北欧椅子的椅面制作。2007年独立，创立桧皮椅子店。

工作室的架子上，放满了制作椅面的各种面料。

瓦格纳的经典作品“Y chair”，桧皮先生正在用软绳重新编制椅面。

三田市高宫先生家的桌子，石川友博建筑设计事务所设计，桧皮先生手工制作。材料为柚木。

桧皮椅子店
神戸市北区長尾町宅原353-7
http://www.hiwaisuten.com

1. 新作品扶手椅。椅子后方都是客人拿来需要整修的椅子。
2."虽然用面料制作的椅面很棒，但是像这样纯木料的椅面也很好呢。"桧皮先生说。

只要是关于椅子的事，任何问题都能够迎刃而解

在独立工作后，没有花上多少时间，桧皮就得到了很多客人的关注。例如他和居住在三田市的木户一郎先生之间如同命中注定般的相遇。

“最早在当地的资讯杂志上看到桧皮师傅的工作室的介绍时，我基本上没有抱太大的希望。因为很早开始就对乔治·中岛的椅子，还有其他北欧的椅子很感兴趣，也一直在找好的椅子，所以就想去桧皮那里随便看看。和他聊了之后，得知他之前制作过中岛的椅子，也修复过北欧的经典款座椅，所以就下单订制了一把中岛风格式样、桧皮原创的椅子。”木户是一个非常资深的音响发烧友。在他家中巨大的扬声器前，并排摆放着两张桧皮制作的椅子。“我当时真的只是抱着试一试的心态下的订单，完全没有想到送来的椅子那么好，结果在收到椅子的30分钟后，我立刻下单订了第二把。”对于桧皮作品的喜爱之情，洋溢在木户的言语之间。

这张椅子由胡桃木制成，整体外形十分稳重，有着宽大的座椅部分和靠起来颇为舒适的椅背圆柱部分。把手部分的木材原料特意使用了白太（整根原木木料在横切后，断面外侧的浅色部分），颜色和色泽的微妙变化，给整张椅子带来了恰到好处的轻松活泼韵味。想必这是一把人人都会喜爱的椅子。

此后，订制厨房用小凳子、十几张汉斯·瓦格纳的“Y Chair”椅面翻新，各种工作订单蜂拥而至，工作范围涉及了椅子制作、修理、更换椅面等各个方面，甚至还有不少客人上门询问关于椅子的各种难题。正如桧皮所希望的那样，经过日日夜夜的工作，在大家心目中，他已经成为众所公认的“开椅子店那个人”。

1

2

从雕塑的角度进行构思，
制作出能够给所处空间加分的
北欧格调的椅子 **木工作家**

坂田卓也

Sakata Takuya

坂田卓也先生每天都会骑摩托车20分钟从家里去往工作室。最近很忙，所以爱好的冲浪也没怎么去。

由自由的构思中所诞生的趁手的家具

坂田的履历在木工作家中非常少见，他既没有去过专门的木工职业训练学校，也没有在有名的木工作家的门下学习，甚至没有任何在家具公司工作的经历。

“在艺术大学里，我学的是雕塑专业，但是我也没有学过或做过任何木雕。”

在京都高雄的一座古民居里，坂田成立了自己的工作室，作为家具设计师以及制作者工作着。他走上一条和以往的木工作家完全不同的道路，进入了家具制作的行业。而这一切，也许就是他所拥有的毫无羁绊的、自由奔放的构思力和想象力的来源。他的作品设计简洁，但同时也拥有清晰的原创性。并且在加工制作时，十分重视使用的舒适度，因此拥有了越来越多的粉丝。

在坂田的基本款经典作品中有一把小凳子。这把小凳子是他在25岁左右刚开始制作家具时的一款作品。宽度超过50厘米的宽大椭圆形的椅面，短小精致的椅腿，整个凳子的外形看上去颇为安定稳重。实际坐上去后，凳子和臀部的接触感也非常舒适。后来，这把小凳子继续衍生出了一款新的作品——凳子摇椅。

“当时正好有一个客人想要订做一张电脑凳，而且是要在榻榻米房间里用的。为了不让凳脚陷入榻榻米草席中，我特意在凳子的四个脚下面

盘腿坐在摇椅上的坂田先生，工作室的建筑是一栋日本古民居。

加了两根如同雪橇冰刀一样的木制部件。这两根木制部件通过定缝销钉和绳子与整个凳子固定在一起，所以使用者可以根据实际情况，很方便进行拆卸。而所用的绳子，是我向帆船用品专业品牌商特别订制的。”

在凳子宽敞的椅面上，使用者甚至能够盘腿而坐，一边摇啊摇，一边用着电脑，特别舒适自在。因此，这款凳子摇椅深受大家的喜爱。

着迷于职人们高超的技艺，从而走上了家具制作这条道路

在艺术大学念书时，坂田做过很多的现代艺术作品，使用的材质大多为塑料。

“一般会用FRP(强化纤维塑料)来做模具，然后倒入合成树脂成型。当时学校里有很多的观念艺术(Conceptual art，一种在上世纪六七十年代诞生的前卫艺术)派的老师，因此自己也受到了很大的影响。”

毕业作品是一个很大的气球，充满了氦气的气球直径有8米多，悬浮在美术馆的天花板上。这个作品在毕业展览上，获得了京都市长奖。

然而，虽然创作着这样的艺术作品，坂田同时也对以家具为首的

1.用来固定摇椅底部弧形板的是帆船的缆绳，兼顾了设计感和功能性。

2.坂田先生的经典款小凳子，胡桃木制成，表面木蜡油处理。椅面宽，坐起来很舒服。

餐厅用的座椅。色彩丰富的布椅面由京都的椅面制作工作室“椅子村上”负责完成。

“easy chair”。专门为美容美发厅订制的椅子，让客人剪头发的时候即使长时间坐着也不会感到累的设计。

生活实用道具非常感兴趣。他经常去世博公园的大阪民艺馆和国立民族学博物馆，也熟读了许多与室内设计相关的书籍杂志，包括美国设计师查尔斯·伊姆斯(Charles Eames)的展览他都会前往参观。正好是在大学四年级的时候，一个偶然的机会，他认识了作为外聘讲师在学校工艺系教课的家具职人中野老师。于是，虽然专业不同，但是在工艺系的实践教室里也开始经常能够看到他的身影。

“从专业人士那里听到的关于木头和家具制作的相关故事，真的太有趣了。而且，为了能让这种生活道具长久地使用下去，他们在木材加工等方面不断钻研，精益求精的态度，也让我觉得魅力十足。几乎近在咫尺，我深深地感受到了职人们高超的技艺。而回过头来看当时我自己所做的雕塑艺术作品，从制作态度上来说，构想的重点基本都仅仅放在如何展现某种具体形态这件事上，根本没有考虑过如何在材质以及工艺技术方面做到精益求精。”

当时，坂田连木材的名字也不知道，连刨子的使用方式也不懂得。而在与中野老师的接触中，他逐渐觉得，如果跟着中野先生学习的话，那么有一天自己也应该能够做出家具来。虽然之前他也曾经考虑过继续念研究生，但是因为想从事和木头相关的工作，想真正地做做看椅子，所以最终他改变了原有的人生计划。

毕业后，他一边在木材店打零工，一边在自己家里用简单的手持工具开始制作家具。木材店里实实在在和木头接触的工作，让他学到了很多的东西。在木工技术上，如果遇到自己不懂的东西，他就会去向中野先生或是年龄相仿的木工作家们请教，甚至连木工作家们的专门网站也给了他很大的帮助。他逐渐接到了一些比较大型的工作，比如说餐饮场所的桌子或者吧台等的制作订单。在这些工作中，他逐步地积累了经验。2005年时，订单开始明显增加，于是在那一年，他成立了自己的工作室，开始一心一意地做起了家具，坂田卓也制作所正式开始运营了。

1.茶桌。圆形台面为胡桃木，直径90 cm。三个桌腿可以自由脱卸组装。

2.京都御所附近的“un cafe”也使用着坂田先生的桌椅。店主加藤孝子说：“当时去工作室拜访的时候，一坐上这把椅子，就因为舒适的感觉一见钟情了。”

3.家具图纸。为美容美发店设计的椅子，模型为原大的1/5。

比起彰显个人特色，更希望能够美好地展现出木头的原有特质

“北欧家具在设计和制作过程中，人们为了最大限度地展现出木材原有之美，费尽心思地考虑着加工方式。不张扬、功能性强、使用便利，是北欧家具的最大特征。特别是丹麦设计师汉斯·瓦格纳，他在家具制作中认真的态度以及自由的想象力，让我特别认同。”再加上大学中所学的雕塑的要素理念，坂田找到了属于自己的独一无二的家具制作理念。

“比起彰显个人特色，我更希望能够通过作品美好地展现出木头的原有特质。当一件作品被摆放在一个家庭空间，它不应该是一个喧宾夺主的角色，而是应当与空间融合为一体，共同美好地展现在人们面前。这样的思考方式，也许是源于雕塑的影响吧。”

或许是因为椅子制作过程中，要根据人体的形态而去考虑椅子的实际比例这一点和雕塑艺术有着相通之处的缘故吧，在所有的家具中，坂田最感兴趣的就是椅子。“椅子是一种在使用中要和人体紧密接触的道具。所以对每个人来说，它是一个非常亲近的存在物，也因此让我觉得十分有趣。”

数十年前北欧的著名设计师和木工作家们创作的经典款椅子，至今还深受人们的喜爱。特别是汉斯·瓦格纳的作品，甚至被人们认定为木制椅子中近乎完美的设计。

“我希望能够在北欧家具的基础上，做出更进一步的具有时代性的作品。身处这一个时代，竭尽自己的全力，做出只有我才能够做出来的作品。我会在这条道路上全力以赴。”

雕塑艺术中诞生的灵活构思，能够孕育出怎样的具有时代性的作品呢？这一个从没有出现在人们的视线中、形态特别的木工作家，值得大家继续关注下去。

凳子椅面的弧形设计，利用多层板成型制成。

坂田卓也（SAKATA TAKUYA）

1977 年出生于大阪府。京都市立艺术大学美术学部美术科雕刻专攻毕业。2002 年在京都乌丸自己家中开始制作家具。2005 年将工作室搬至京都高雄。主要作品有咖啡店、美容美发厅等店铺使用的原创设计椅子和桌子等。同时，作品以个展或群展的形式出展“suwarou”展（2006 年香老铺松荣堂）、“生活 + 物品”展（2008 年阪急百货店梅田总店）等。2011 年作品出展“关西椅子 NOW”（大山崎山庄美术馆）。

坂田卓也制作所
京都市伏見区両替町15丁目138
http://www.sakatatakuya.com

京都高雄工作室内正在工作的坂田先生。古民居建筑物内有着巨大的横梁，坂田先生在地面上放置了板材以安放各种器械。

制作出能够自然地融合于日常生活之中，具有英国传统式样的椅子

特别的木工作家

小岛 优

Kojima Atsushi

左侧的椅子是Comb-back的温莎椅，背板和纺锤形杆件的特征十分明显。
右侧的椅子是Rail Comb-back温莎椅，参考美国古典温莎椅制作而成。原材料为水曲柳。座高40 cm。

以使用者的实际生活为重，并不执着于展现自我特色

小岛优在十几岁的时候就去了英国，在当地椅子职人的门下学习椅子制作。在制作以温莎椅为首的英国传统式样椅子的道路上，他已经走过了20多个年头。但虽说如此，他的作品却并不是简单的复制品，比方说即使是以温莎椅为原型的作品，也能够让人们自然地感受到小岛优的独特风格轻柔地融合于整张椅子之中。稳重的外形和落落大方的美感，毫无违和感地共存着。

“我并不执着于展现自我特色这件事情。我非常尊重这些在英国文化中传承至今的椅子，以及这些椅子所拥有的自然而不刻意的特质。他们的存在，并不是为了彰显高贵或有型。这是一种十分贴近人们日常生活，和实际生活相符合的东西。它们是一种存在于幸福生活中的椅子。”

以此为基础，小岛做了数百把椅子。在制作过程中，他逐渐找到了属于自己的、日本手工作者特有的感性，并将其融入了作品之中。例如上色工艺，他有时会用到自己调制的柿油和特殊染料。毫无疑问，这应该是只有日本人才能想出的主意。

“‘这是日本人做的温莎椅啊。’当人们这样评价我的作品时，我特别开心。温莎椅是一种包容性很强的椅子，即使在不同的国家，都能够被人们所接受。”

现在，日本国内活跃着很多三四十岁的木工作家，他们大多都是大学毕业后就开始工作并积累经验，之后又专门在职业训练学校中学习技术，然后走上独立木工作家的道路。和他们相比，小岛可以说是一个特别的存在。他既没有上过美术大学，也没有去过职业训练学校，更没有在木工厂工作的经验。但是，他的的确确生长在一个对于成为木工作家来说绝好的环境里。

正在雕刻中的椅面。

际上心里却并没有这么想。在同样的工作上，如果要超越父亲，肯定非常难。所以我就开始思考，想从事一些父亲不会的事情。”

小岛在孩提时代，就很喜欢各种古董器物等老物件。他不仅看过父亲收藏的很多美轮美奂的古董工艺品，家里日常使用的器物之中也有不少老物件。进了中学之后，周末或假日的时候，他经常会去逛各种古董店。通过实际观察学习来锻炼自己辨别鉴赏工艺品价值的能力。有时，他还会买一些老物件回家。

“即使是那些看起来门槛很高的高级店铺，我也一点儿不害怕地进进出出。有一些非常好的器物，因为破损的原因，会一下子变得便宜很多。我当时用在父亲工作室帮忙打零工的工资，买了不少这一类的东西。”

听闻这些，就立刻能够明白小岛当时并不是一个普通的中学生。在一次实际接触到传统英国式样的椅子之后，他开始对此产生了浓厚的兴趣。

“这是一种能够让人感受到格调的椅子。在实际制作时，更能够了解到这一点，它并不会让人觉得过于精致或缜密，而是给人一种轻松舒适的感觉，甚至会让人觉得它也是有生命的人类。”

高中时，相熟的古董店老板给小岛看了自己收藏的古董温莎椅，并对他说道：“如果要做椅子的话，就做这样的吧。当然，绝不应该是简单的复制，而是要将自己的目标设定在这样的高度上才行。”这一次的

高中中途退学去英国，在椅子职人的门下学习

小岛的父亲雄四郎是一名木漆工艺家，也是国宝级人物黑田辰秋的弟子。他的器物作品中的螺钿工艺十分出名，广为人知。

“很小的时候，我就一直在父亲的工作室里转来转去，玩各种木头废料。中学时，就开始帮父亲的忙，刷漆啊打磨啊，有时也会帮忙贴贴螺钿。”

于是，自然而然地，周围的人们开始对他说，“你以后一定会继承家业的。”

“虽然被各种各样的人鼓励，自己也一直回答‘我会继承的’，但实

坐在Comb-back温莎椅上的小岛先生。

Lathe-back温莎椅。

对话对小岛产生了很大的影响，他决定要去英国，向当地的椅子职人直接学习椅子制作。如果要从最传统的文化层面开始学习的话，那么只有去到真正的发源地才行。

于是，在高中二年级第一学期结束后，他就退学了。1991年1月，想着"不管怎样，先去到当地找能够教我的师傅"，他去到了英国。靠着朋友的友人相互介绍，他去见各种各样的人，还参观了不少相关的学校。迂回曲折的探寻之路，让他最终遇到了木工作家比尔·哈德菲尔德，这是一个专门从事制作传统式样椅子的木工作家，但却不执着于完全的传统式样，在他的作品中可以看到很多自由的构思蕴含其中。最初，比尔拒绝了小岛的学习请求。因为签证原因，小岛回了一次日本，当第二次去到英国时，比尔终于答应让他在一旁观摩，慢慢地，小岛也开始能够帮忙做一些简单的事情。

因为签证的原因，小岛没有办法长期停留在英国，所以一直两地往返。即使这样，他还是在师父的门下扎扎实实地学习了椅子制作，除了学习和工作的时间以外，其他所有的业余时间也都花在了当地的博物馆和工具店里。这样的生活，一直持续到了23岁。

在小岛20岁生日前，他在神户举办了自己的第一个个展。展览上一共展出了他的30把椅子作品，式样不限于温莎椅，也包括他在师父那里学到的其他传统英式椅子。展览中，总共卖出了二十几把椅子，对于年轻手工作者来说，可谓销量惊人。

从开始从事制椅便使用至今的各种工具。锛子是日本刀具有名的产地三木制作的，其他的是英国和美国制。

椅子制作前的草图。

小岛优（KOJIMA ATSUSHI）

1973年出生于兵库县。1991年赴英国，师从椅子职人比尔·哈德菲尔德。数年间往来于英国和日本之间，进行椅子的学习和制作。1995年开始，连续15年每年在神户的"三浦画廊"举办个展。1997年开始，在阪急百货店梅田本店美术画廊举办个展，共6次。此外，也在各地参加个展以及群展。2011年，作品入选日本民艺馆展。2013年入选第87届国展。2015年入选第89届国展。

各种各样的经验积累中产生的独特氛围，酝酿出了特别的椅子

工作室里，小岛用木锛削着胡桃木木块，这块木料将要成为温莎椅的座椅部分。“咔、咔、咔”的木材切割声，听起来分外顺耳。接着，他又拿起了加拿大产的拉刨(Pull shave)开始平整木料的表面。

看着这样的制作过程，就能立刻明白，最终制作出来的作品一定是和家具工厂里用机械加工而成的量产型家具完全不同的东西。这把椅子经由这些纯手工的制作工艺，将散发出手工作者本人的气质和特质。角度和曲线的微妙变化，使用的表面涂料以及涂刷的方式……处处都彰显着作者的个性。

“要做出具有现今时代感的作品，就不能像以前一样，一心只想着‘客人就是上帝’。但是，当然也不能自以为是地完全以自己的主观去行动，从客人身上还是能够学到很多东西的。”

从小在父亲工作室帮忙而培养起来的关于工艺品制作的基本常识，从古董器物中培养出的眼力，在英国实地学习到的正统的椅子制作技术以及思考方式……至今为止所积累的各种各样的经验，融汇贯通于一体。这一切，让小岛的椅子作品自然而然地散发出了特别的气质。

小岛优
兵库县丹波市山南町谷川1822
chairist@mac.com

1.三脚凳。座椅材料为榆木，凳脚为榉木。
2.用锛子在处理胡桃木料的小岛先生。

儿童温莎椅。材料为水曲柳。座高35 cm，到纺锤形杆件顶端高度为74 cm。

迎山直树

Mukaiyama Naoki

椅子制作者

同时追求轻巧、坚固、坐感舒适

追求榫卯结构的高精密度，

花费劳力和时间，只为能展现出丰盈的线条

轻巧而坚固、如同快刀下的锐美线条……这些都是迎山直树做出的椅子所具有的特征。

“虽然轻巧，但坐起来却不舒服的椅子，在实用性上是很有问题的。虽然可以通过各种各样的处理方法去达到轻巧这一目的，但我却一点都不愿意这样做。我希望能够以坐感舒适和坚固为本，在此基础之上再考虑如何轻量化。”

通过这种理念制作出的椅子中，T- chair是代表作之一。这是一把花了很多工夫才制作出来的椅子，虽然乍一眼可能看不出来，但是椅背上直接会和人们身体接触部分的弧度，十分微妙精致。

“多花一些工夫，就能做出丰盈的线条来。这些线条是和实际的坐

感直接联系在一起的，并且也会影响到整把椅子的姿态。”所谓丰盈的线条，指的就是符合人体工程学的线条，能够良好地支撑人体的线条。以前，迎山一直觉得只有用大的整块木料削割，才能够做出这样的线条，但近年来他意外地发现，通过一些精细加工，也能够展现出这样的线条。

为了追求椅子的轻巧度，他在如何提高榫卯部件的精密度上花了很大的工夫。“只有高精密度的榫卯部件，才能在不增加木材负担的同时，让椅子达到轻量化。而T- chair的存在，就是靠高精度的榫卯结构才成立的。”榫卯部分的精度非常高，榫头部分是以比卯眼部分厚出0.3~0.4毫米的尺寸标准进行加工。在加工时要非常注意，不能过紧也不能过松。这样做出来的榫卯部件非常牢固，即使所使用的木材部件很纤细，也能够保证整张椅子的耐用性。

根据这样的理念和方式制作而出的T- chair加上了扶手之后，继续进化成了能够叠放收纳的“ST-chair”。这把椅子，在全世界公开募集参赛者的国际设计比赛“国际家具设计大奖赛旭川2014”上获得了最优秀大奖。在轻量化方面，整把椅子只有2.7千克，对于木制扶手椅来说几乎是一个奇迹。而椅背部分的精妙弧度，也受到了身为产品设计师的评委们的一致好评。

T-chair。核桃木框架。宽42cm，纵深45cm，高70cm。座高42cm。

ST-chair。曾获得“国际家具设计大奖赛旭川2014”最优秀设计大奖。可以叠放收纳，最高可以累10张。
胡桃木材质。也可以用柚木制作，皮革座椅。宽54cm，高71cm，座高42cm。

从活动企划转为椅子制作的历程

高中毕业后，迎山离开了兵库县西部群山环绕的家乡三日月町（后被合并为佐用町），去东京念大学。当时正是日本泡沫经济时代快要开始的时期，所以在大学里也开始出现一边念书，一边创业开公司的大学生。迎山也和同学一起开了一家活动企划公司。公司的生意越来越好，乐在其中的迎山不久就退了学。但几年后，随着泡沫经济时代的消亡，公司的经营越发困难，在他快要30岁的时候，公司终于撑不下去倒闭了，他也回到了兵库县的父母家中。

25岁之后，他和工作伙伴们一起喝酒聊天时，经常会聊到"如果没有做现在的工作，那么自己会做什么"这个话

题，每一次大家都聊得热火朝天。"摄影师、音乐家……"在朋友们的话语声中，迎山几乎无意识地就说出了"椅子"这个单词。

"没有任何依据，连自己都不知道为什么会说出'椅子'这样东西。"

1.坐在T-chair上的迎山先生。

2.左侧的椅子为意大利餐厅订制，名为PORCO。枫木材质，皮革座椅。宽54cm，纵深51cm，座高40cm。右侧的椅子为T-chair。

凳子T3。日本樱木制作，横档部分为玫瑰木。直径25cm，座高55cm。

回到老家之后，迎山偶然想起了这件事，于是便开始在当地的小家具工厂里工作。做了两年后，他遇到了一个在另一家家具制作所工作的家具职人，两人颇为投缘。两个人一合计，便在冈山县东栗仓村成立了自己的独立工作室。成立工作室的契机，缘于迎山和木制玩具作家西田明夫的一次会面。当时，西田正在东栗仓村的村营手工艺艺术空间里作为独立作家工作。去到当地之后，迎山也觉得十分中意，于是也在同一个艺术空间里租借了场地。

20世纪90年代前半段，自然风光优美的东栗仓村成为向往田园生活的都市人心目中的胜地。因此，各种自然朴实、手工风格的成套桌椅家具卖得非常好。迎山成立工作室不久，订单就蜂拥而至。

“当时做的桌子，桌面大多是整块木板或两块大木板拼接的，为了搭配这一类型的桌子，配套的也基本是那种结构非常简单的椅子。做了很多，卖得很好。但越是这样，我心里越觉得有些怪怪的。”

虽然这样，他还是在工作中积累了很多的经验，也开始在冈山市内以及大阪的画廊店铺里举办个展。40岁出头时，他迎来了自己人生的转机——决定彻底休息一个月，来好好考虑自己的将来。

摇椅。为大分银行以及酒店定制。柚木、胡桃木材质。宽60cm，静止时座高36cm，弧形橇板部分长81cm。

Fin。樱桃木材质。皮革座椅。宽57cm，纵深45cm，高68.5cm。座高42cm。

以1950年代鸟取民艺运动家吉田璋也设计的获奖椅子为原型，重新设计的椅子。（设计师：白冈彪）。可以微微摇动。柚木材质。

一个月深思熟虑后的崭新开始

“到那时为止的所有工作，都是根据客人订单来做的，有单子就做。虽然靠着做整块原木板材的桌子，也赚了不少钱，但自己几乎没有怎么好好思考过。”

在这一个月里，他首先考虑的是作品和商品之间的区别。所谓作品，应当是手工作者自己真正想做的东西。而商品，则是站在使用者的立场上，手工艺人根据客人的需求制作的东西。想通这些之后，他决定把工作的重心放在商品制作上。因此，他开始认真考虑人们希望坐的椅子是怎么样的、坐感舒适的椅子是怎样的等等问题。

要把这些问题落实在实际制作工艺上，第一步就一定要画出严谨的图纸。到那时为止，他画的图纸都只有家具的大概形状，最多再加上一些重要部件的草图。在改进工作方式之后，因为有了缜密的图纸，不仅制作过

T-chair的试验作品。

程中以往常常会走的弯路少了很多，而且做出的椅子外形也简洁明快了很多。根据图纸，每一个部件可以在削割过程中慢慢微调，因此整个椅子都变得紧凑了起来。

而他和外部的关系也有了新的发展。至今为止的工作中，所接触到的客人基本都是个人，但是改进工作方式之后，他也逐渐开始接到设计师以及建筑师们的订单。他和设计师们一起，合作做了不少店铺以及公共设施中所使用的椅子。

“到那时为止，我做的工作都限定在自己个人的能力范围内。所以当开始根据别人画的设计图纸来实际制作椅子时，我从中学到了很多的东西，而且觉得工作越发变得有趣起来。”

不过，他也会坚持保持一定的自由度，并不会百依百顺地完全按照客人的需求来做。看到实际的图纸后，他总是会提出自己的意见，例如“对于实际使用的人来说，这样会更好一些，所以用这种方式去制作会比较好”。

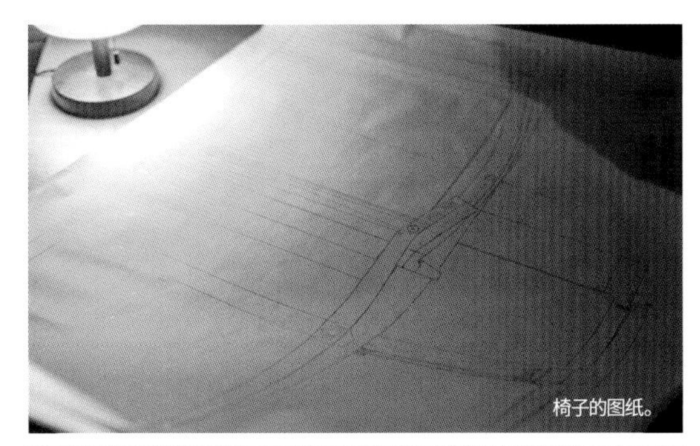

椅子的图纸。

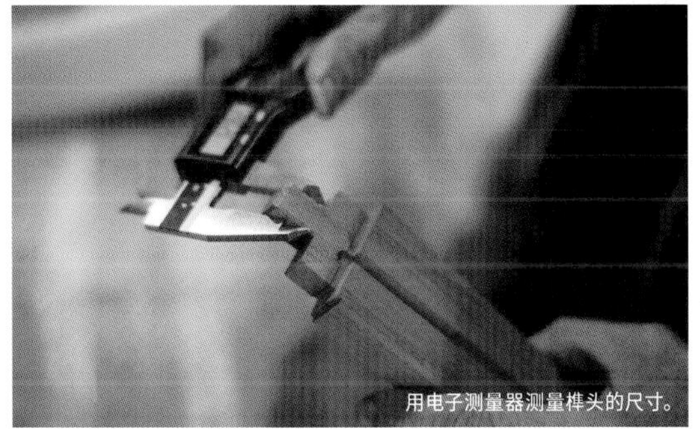

用电子测量器测量榫头的尺寸。

工作室一旁的展示厅。

站在椅子品牌的立场上制作椅子

“我其实并不是一个手工作家，而是一个匠人。我的目标就是成为专门制作一般的大型家具厂商生产不了的东西的匠人。我认为，在接下来的时代里，人们的需求将会朝着少量化、高品质并且价格合理的方向转变。”

现在，通过最先进的木器加工机械NC router的精密加工，已经可以直接制作出椅子。迎山深切地感受到了个人手工作者在这个时代之中所要肩负的重担。近期，他接受了日本JR的邀请，制作了JR九州豪华卧铺列车“七星”包厢中的椅子。

“要站在小型椅子品牌的立场上，制造出让人觉得舒适并实际功能完备的椅子”，迎山的热情越发高涨。

“对于椅子来说，实际功能性其实是最为重要的。设计、价格、重量等等因素，其实都包含在实际功能性之中。T-chair是一把解决了各种问题，然后从各个角度上来看完成度都很高的椅子，但是，我还想要做出更多能够超越它的椅子。”

如前文所述，由T-chair衍生而出的ST-chair获得了全世界公开募集参赛者的国际设计比赛“国际家具设计大奖赛旭川2014”的最优秀大奖。但是，迎山并不满足于此，在接下来的日子里，他会做出怎样的全新作品来呢？而现有的作品，会继续进化成怎样的椅子呢？这一切都让人充满了期待。

迎山直树
（MUKAIYAMA NAOKI）

1961年出生于兵库县。上智大学文学部哲学科中途退学。在从事活动企划等工作后，1992年开始在家具制作厂工作。1994年在冈山县东粟仓村创立Chair Maker Small Axe，开始独立从事家具制作。2009年搬迁至兵库县佐用町并成立Tenon合同会社。2014年作品获得国际家具设计大奖赛旭川（IFDA）的金奖。2013日本国内开始投入使用的JR九州豪华卧铺列车“七星”上的椅子也由迎山先生参与制作。

Tenon（迎山直树）
兵库县佐用郡佐用町乃井野1674-42
http://small-axe.jp

在工作室中工作的迎山先生。

在东粟仓村创立工作室时制作的招牌，现在还挂在工作室门口。

工作室外观。建筑物原本是当地木工体验设施，租赁于当地政府。

一边展现榉木和日本七叶树的木纹之美，
一边创造出落落大方的优雅线条

木漆工艺家

藤嵜一正

Fujisaki Kozumasa

螺钿工艺箱，集合了圆形、方形和三角形的几何纹理，由贝壳的珍珠层薄片镶嵌而成。

将自然之美投影在作品之中

柔软又不失鲜明，由线和面构成的整个外形。认真面对榉木山峦起伏般的木纹，珍重每一次与木材的相遇相逢，由此而诞生的作品，稳重而存在感十足。这样的作品，应当可以被视为大自然创造的木纹之美与人类细腻的手工工艺之间的完美结合了。

这一个名为"榉拭漆刳贯稜线笥"的作品，是木漆工艺家藤嵜一正的精心之作。在2009年举办的第56届日本传统工艺展上获得了高松宫纪念奖。藤嵜一正一直力求在传承与发扬传统技术的同时，制作出符合现代人理念，兼顾实用性与美观的作品。而这一个作品，应当是他能力的完美展现。

"我与太太一起去北海道富良野旅行时，醉心于当地微澜起伏般的

作品“拌拭漆刳贯稜线筥”。在用刨子做表面处理时，非常细心地观察木纹的正反纹理。

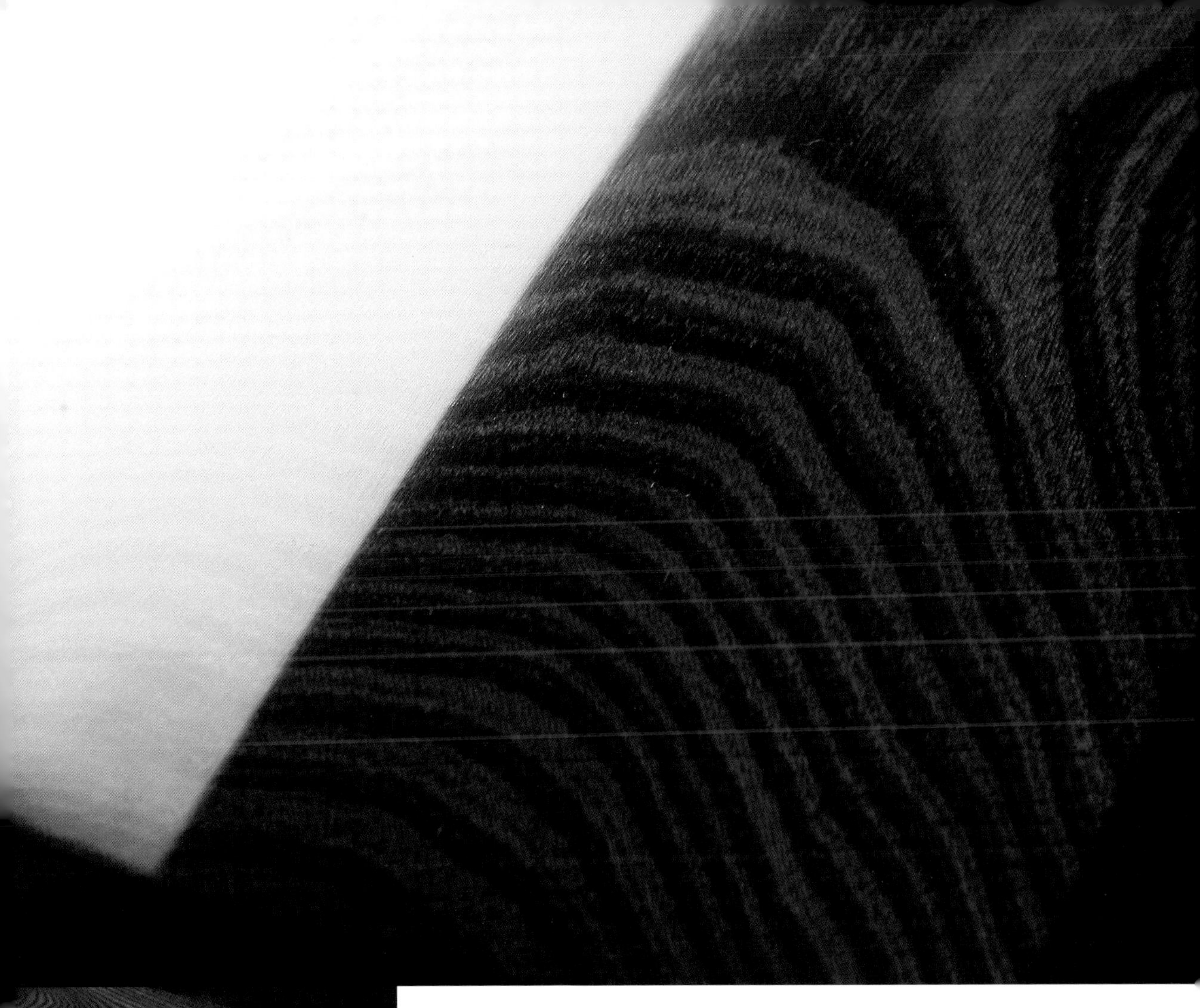

作品“榉拭漆刳贯稜线筥”盖子打开的样子。

山丘，于是就把同样的曲线运用在了这个作品的盒盖上。而材料，则是用了一块二十几年前就收藏在仓库里的榉木木料，当时只是粗加工过一下。这块木料的气质完全符合我想象中对这个作品的印象。”

根据灯光下产生的微妙细致的光影，他仔细地削割出了细腻的线和面。小心翼翼地推动着刨子，随着一次又一次的动作，盒子表面山脊一般的凌然线条展现在了视野之中。

“每一刨都可以说是胜负之举，这一条棱线，可以说是这件作品的生命。我一直都很喜欢这样落落大方的曲面和微妙细腻的线条。”

不仅仅是这个稜线筥，在藤嵜其他的作品中，也经常可以看到他从自然之美中所借鉴的东西。但虽然如此，他却并不是一个狂热的自然爱好者。相比大自然来说，他更喜欢丰富多彩的城市，他的工作室也被安放在了大阪市中心船场地区的大楼里。

在国宝级人物黑田辰秋的门下，接触到了手工作家的世界

“在我的家族里，有很多的手艺人。曾祖父是做瓦片的职人，父亲则开了一个自行车行，自己修理改装自行车。所以，我应该也继承了手艺人灵活的双手。”

因为家族的影响，中学毕业后，他就去了职业训练学校学习木工。毕业后，他入职了大阪的公司，开始制作家具，并慢慢地在手工艺制作的道路上开始前进。但很巧合的是，他经由朋友介绍，认识了富山的木雕漆艺作家濑尾孝正，于是他决定拜于其门下学习。之后的三年，每一天都在学习雕凿各种日常器物的练习中度过。

想着要更深入地学习木工艺，三年后，藤嵜告别濑尾老师去了京都，在国宝级的木漆工艺家黑田辰秋门下开始继续深造。在这里，他一心一意地学习着涂漆工艺，完全没有做任何的木工部分。

“当时是住在老师家里的，真的非常用心，以至于最后都瘦得像根竹竿一样。黑田老师并不会直接和你说要做这个或那个。我完全是一边观察老师的工作一边自学的状态，但也许是因为和黑田老师这样国宝级的木漆工艺家生活在一起的关系，不知不觉之中，自己的作品也开始慢慢散发出老师独特的气质

藤嵜一正
(FUJISAKI KOZUMASA)

1943出生于年京都府。毕业于守口职业训练学校，入职家具制作公司工作。1964年，师从木雕漆艺家濑尾孝正。1967年，师从木漆工艺家黑田辰秋。1971年独立，第二年作品就入展了日本传统工艺展。1974年，获得第21届日本传统工艺展日本工艺会大奖。之后的获奖经历也颇为丰富。2009年获得日本传统工艺展的“高松宫大奖”。2011年，被大阪府认定为无形文化财产木艺作家第一人。现在大阪南船场开设槌工房，着力于年轻工艺家的培养。

在工作室指导学生工作的藤嵜先生。

神代榆(长时间埋在地下的榆木)制作的装饰柜，试行组装中。

来。”而藤嵜原本就非常向往这种只有手工作家才有的独特氛围，这真的和普通职人的世界完全不同。

对于普通人来说，手工作家和职人是两种经常可以混为一谈的身份。而对于藤嵜来说，两者却界限分明。所谓手工作家，应当是根据自己的创意创作出作品，显示出自己的独特性，并让其他人能够根据作品记住自己的名字。而职人有各种各样的形式，但基本上主要完成的任务都是根据客人的订单，迅速准确地制作出大量的同一款的作品。

在前后经历了4年的学习之后，28岁的他成立了自己的独立工作室。当时正是20世纪70年代的前半段，日本经济高速增长的时期。

“因为民艺的流行，所以当时真的是无论做什么都能卖掉，漆艺加工的盒子、器物、茶托、小碟子、画框……真的是一个黄金时代。”

独立后的第二年，他参加了第一届日本传统工艺展的公开募集评选，作品入选了。次年，在第二届日本传统工艺展中，他的作品就获得了日本工艺会奖，年仅30岁的他,也被吸纳为日本工艺会的正会员。

“榉拭漆刳贯稜线筥”的图纸。

“玉杢枫拭漆四角盘”上放着各式小酒杯。圆柱形的是“朱竹小酒杯”，鼓形的是“朱螺钿鼓形小酒杯”和“螺钿总张鼓形小酒杯”。小圆杯是“面取杯”。

通过对周围一切事物的观察、倾听、感受，磨炼最为重要的感受性

现在，藤嵜门下有四个徒弟。平时在工作室里，他坐在最中央工作，徒弟们则坐在他的左右两侧。

“我一直和徒弟们说，要凭着自己的感觉去削割。对于木工作家来说，感受性是最为重要的东西。”藤嵜这样说道。虽说如此，但如果突然一下子在某一个人面前放下一块木料，让他完全靠感觉和感性去削，想必也是完全做不到的。在正式着手制作之前，充分的准备是必需的。而作为准备工作，一定要画草图，然后通过草图，在脑海里将整个作品的形象丰满完整地呈现出来。同时，在通过去到不同的地方，接触各种不同的艺术形态，以此来磨炼感受性这件事情上，也丝毫不能懈怠。藤嵜本人正是这样做的，电影、舞台剧、古典音乐……他甚至还看过所有宫崎骏导演的电影，而歌舞伎和文乐等传统艺术也是他所喜爱的，甚至为了听指挥家西本智美的演出，他还跑去九州的大分。

“我的速写本上画满了东西。在画的过程中，自己脑子里的想法就被梳理了一遍。”

当设计方向定下来之后，他就开始观察和挑选木料，根据木料的特质，用平衡度良好的尺寸比例将其进行初步切割。然后，在此基础上，绘制更为严谨细致的设计图。

“在设计图上，每一个部件的实际尺寸必须都是确确实实定下来的。然后，一边触摸木料一边确认，根据感觉去实际削割。当大致的线条都做出来了之后，整个作品落落大方的感觉就能够让人感受到了。如果不这样做，完全依靠尺子等工具，那么这种感觉是做不出来的。”

对于真正的工艺来说，最根本的存在意义就是要让人能够实际使用。为了完成这一点，藤嵜诚恳而认真地对待着工作，“这一点一定要做到，那一点也是。一定要认真，不要偷懒，也不要得过且过。”他仔细地嘱咐道。对于关西的木工艺界来说，他担当了领头人的角色，他用朴实无华的话语，反复讲述着自己坚守的格言。

竹制的片口。左侧为朱涂工艺，右侧为溜涂工艺。墙上挂着的是榉木的锅垫。

槌工房
大阪市中央区南船场1-4-11 モリビル3F

森口信一

Moriguchi Shinichi

木工作家

『为什么能让人如此迷恋呢？』
被我谷盆的凿痕以及满溢的朴素风情所深深吸引

随着日常使用而越发美好，能触动内心的生活器物

初次见到我谷盆，第一印象就是“好古雅”！低调的颜色配着富含力度感的凿痕，和栗子木料的特质十分搭调，散发着独特的风情。在木板表面，由圆凿凿出的凿痕，整整齐齐地排列着。当然，这种整齐并不是那种机械精密加工出的正确无误的整齐，也没有任何刻意造作之感。而是通过纯手工制作，让人觉得安心的粗粗的线条，排列在我谷盆的表面。

“清晨，当朝阳照射在木盘上，凿痕间微妙的明暗感慢慢展现，而一种特别的温柔感也由此而生。”木工作家森口信一轻声地说着。从他第一次制作我谷盆到现在，10年的时间里他的作品中我谷盆所占的比例也逐年增加。

我谷盆，原本是一种在石川县山中温泉附近的我谷村里制作的特别木盘。“我谷”这一个地名，在日文里的发音是“ WAGATANI”，因此这一种木盘就被叫作了“WAGATA”。昭和40年（1965年）时，由于修建水电站的原因，我谷村被河水淹没，成为了水库底的一个传说中的村落。因此，制作我谷盆的工匠职人也越来越少，近乎绝迹。因为一个偶然的机会，森口知道了我谷盆的存在，在研究的过程中，他越发被这一种特别的木盘所吸引。

“为什么能让人如此迷恋呢？我自己也完全不明白……当第一次看到我谷盆时，我就忍不住开始不停思考。‘究竟为什么会这么美？这么好看？’随着日常使用，表面的颜色逐渐变深，油脂般的包浆出来了，摸起来也越发柔和顺滑。随着实际使用，能够展现出如此出色特质的东西，想来也并不很多。虽然是一种日常器物，甚至可以说是杂货，但是却具有温暖人心的力量。”

并列的条纹状纹理上，有着圆形的手工痕迹，创造出一种朴素且独特的氛围。这就是我谷盆的一个特征。

森口先生原创的我谷盆。盆子的尺寸大小根据边缘木材的原有形状和裂纹而定。有着机械加工制品所不具有的良好风韵。

与我谷盆的相遇，源于个展中的木雕作品木盘

森口在艺术大学里学的是木雕专业，毕业后，很长一段时间都在从事古建筑的修复工作。

“我参加了当年桂离宫的‘昭和大维修’，木雕部分的修复是我负责的。后来，我在高中里做过美术老师，也在专门帮东映太秦影视基地制作模型的公司里工作过。”

30岁时，他作为木工作家开始独立工作，一边创作自己的个人作品，一边也承接各种文物复制品的制作工作。35岁后，他觉得要学习漆工艺，于是去到了木工艺家黑田乾吉（“人间国宝”黑田辰秋的长子）的门下。

“也许是因为性情相投，所以乾吉老师很喜欢我。他不仅教给了我黑田流的拭漆技艺，同时也教给我黑田流的为人处世方式。我至今都牢牢记得他的那一句‘虽然没有钱会不自由，但是没有钱却并不是值得羞耻的事情’。”

1998年，乾吉老师去世后不久，森口就举办了自己的第一个个展。为了个展，他尝试着运用木雕工艺做了一些有明显凿痕的木盘。在把这些木盘拿去给乾吉老师的夫人看时，师母随口说了一句，“这些木盘跟我谷盆好像啊。”此时，森口第一次知道了我谷盆的存在。因为非常想知道我谷盆究竟是怎样一个东西，他立刻就出发去了原产地山中地区。在当地，他一边收集当地人使用着的老木盘，一边收集各种相关文献资料，并且还拜访了很多相关人物……直到现在，他已然成为向人们传递我谷盆魅力的“宣传员”，同时他也一直在坚持制作自己原创的我谷盆。

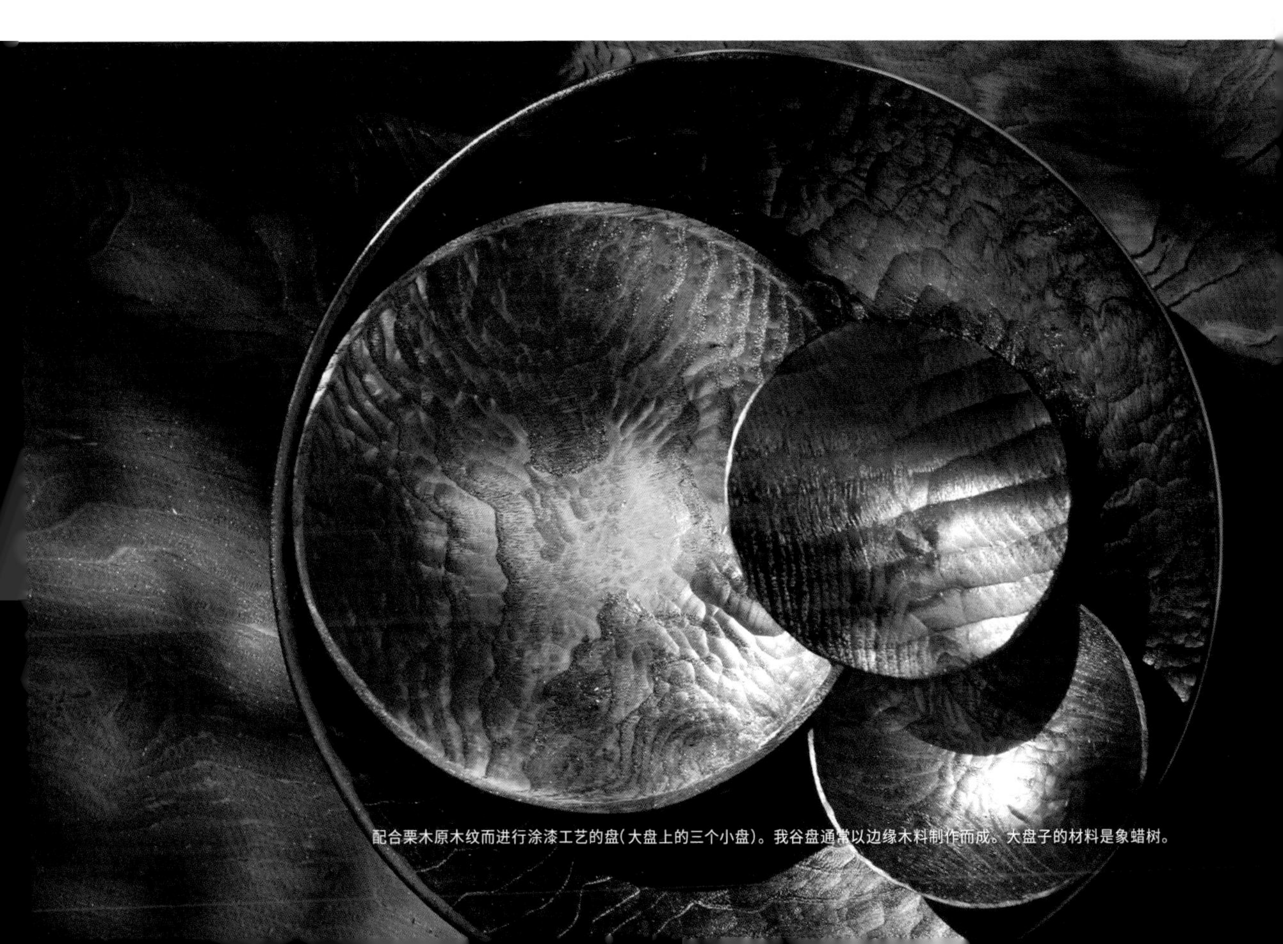

配合栗木原木纹而进行涂漆工艺的盘（大盘上的三个小盘）。我谷盘通常以边缘木料制作而成。大盘子的材料是象蜡树。

继承发扬传统文化的同时，做出符合当下时代感的作品

森口先生同时还是运动员。大学的时候就是足球队的，至今还是俱乐部的成员，周末的时候会出去比赛。

森口信一
(MORIGUCHI SHINICHI)

1952年出生于北海道。在爱媛县以及大阪府长大。于京都市立艺术大学美术学部雕刻科学习木雕。毕业后，参加桂离宫的"昭和大修理"项目进行修复工作。1982年独立成为木工作家。1987年师从黑田乾吉学习拭漆工艺。2000年开始我谷盘的研究和制作。2003-2011年任大阪成蹊大学艺术学部外聘工艺讲师。每年定期会举办数次个展和群展。

右页图：将有裂纹的栗木材一分为二。
1.用槌子敲击凿子，用力在栗木材上凿出圆形纹理，这是我谷盘的风骨所在。
2.用豆刨处理盘子边缘。

"我谷盆有几个基本的特征。首先，在同一个作品中，只使用一种木料，而且基本上都是栗木。这应该是在我谷村附近生长着很多栗子树的缘故吧。另外，它是一种由整块木材挖凿而出的木盘，没有用到任何拼接的工艺。观察木盘的底部以及侧面，可以看到清晰的圆形凿痕。"

在工作室里，森口开始了我谷盆的制作，通过实际制作来更详尽地介绍这一种特别的木盘。

"首先，要从栗木圆木柱开始。以前的人会用柴刀，从整根圆木柱上把需要的木料部分砍下来。我则选择了用切割石头的工具来代替柴刀。"他一边说着，一边把割石箭（一种切割石头的工具）抵在了圆木柱的横截面上，然后用大锤子当当当地敲打起割石箭的尾部。随着敲打声，栗木圆木柱慢慢地有了裂缝，裂缝慢慢变长变宽。森口放下工具，顺着裂缝的位置，两手用力一掰，木料自然地裂成了两块。这两块木材的形状，完全根据当时掰开时的具体情况自然形成，不加以任何人为影响。

"我谷盆就是一定要这样劈开木料然后制作的，这是一位山中地区的木工家教给我的。第一次听他讲的时候，我不是很明白为什么一定要这样，但自己开始做了之后就懂了。因为这样劈开的木料，能够保持自然的形状和风貌，而这些自然风情便是我谷盆的特色。我一直非常注意的一点就是，不要把自己的人为设计或心思放进去，一定要抑制住自己的各种刻意行为，不要把木盘做

1

2

拭漆处理的酒肴盘，创意为“一个人也能享受美酒”。这个作品将榉木的质感展现得淋漓尽致，是森口先生自己心爱的日用器物。

成自己心里面事先设想好的形态。”

处理完木料之后，便开始使用凿子了。有圆凿、平推凿，“叮叮叮、咔咔咔”…… 锋利的凿子下，栗子木料的小细节越发地明显起来。

木盘成形后，最后的表面加工方式是森口原创的。他把栗木木屑和生锈的铁块一起放在容器里，加入水长时间地煮。然后，把煮出的黑色溶液放凉后，在木盘表面均匀涂抹一两次。这样一来，有着沉稳安静气质的木盘就诞生了。在传统的我谷盆里，有完全不做任何表面加工的，也有涂抹浓茶汤的，偶尔还能看到涂漆或是描金的。

“如果我谷盆是一棵大树的话，我希望能够成为它的树干部分。只有树干部分坚实有力，才能够保证整棵树枝繁叶茂。而枝繁叶茂，便相对适于我谷盆的普及推广。如果用机器去切割木材的话，的确不仅可以提高效率，也可以减少木材的损耗，但对于我谷盆来说，还是一定要坚持人工劈割木料这种传统技艺。这种技艺不仅对于我谷盆本身是有重大意义的，而且通过这样的工艺，在取得木盘的木料后，边角料也可以用来制作小盘子等生活器物。这样一来，我们可以更容易理解过去人们的心情以及生活方式，将最为基本的东西保留下来。”

森口制作的我谷盆在继承发扬传统文化的同时，更将民艺和当下的时代感融于一体，形成了自己独特的原创性，给人留下深刻的印象。

1

2

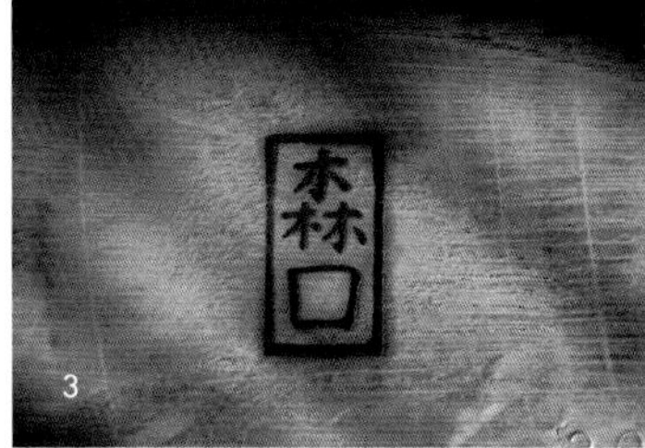

3

shin工房（森口信一）
京都府长冈京市今里彦林20-2

1.我谷竹手提木盆。较深的我谷盆搭配竹提手的设计。
2.岁月感十足的工作台。
3.我谷盆的背面，通常会烙有制作年份和制作者。“长久使用了100年以后，人们也能知道盘子的故事”。

宫本贞治

木漆工艺家

重视感受性和姿态之间的平衡感，用刨子和拭漆工艺描绘出流畅的线条

Miyamoto Teiji

为了不阻碍想象力，刻意不画草图

如果问起谁是现在日本传统木工工艺界最当红的手艺人，只要是业内人士，基本都会回答“关东的须田贤司（现居住在群马县），关西的宫本贞治”。宫本在2009年的传统工艺木竹展上荣膺文化厅长官大奖，2010年在第57届日本传统工艺展上获得日本工艺会奖励奖，迎来了事业的成熟高峰期。

跨入这一行30多年，木盘、器物、矮桌、装饰柜、椅子……他做过各种各样的作品，并用拭漆工艺完成了最终加工。和宫本先生的闲聊之中，他多年积累的工作经验中提炼而出的关键词频频闪现，本书选取其中的3个来和大家分享。

首先，就是如同水波涟漪一般

的纹理。对于宫本的作品来说，这可以说是不可或缺的要素之一。正如照片所示，木箱、柜子、圆桌等等，每一件作品上都有着水波涟漪般的纹理。这些纹理并没有刻意雕刻得很深，可以看出有节制的美感。在圆桌作品上，涟漪纹理甚至需要你聚精会神地凝视才能留意到。因此，根据空间中的光线强弱和流转，作品也展现出各种不同的表情。当光线由某一个特定角度倾泻在桌面上时，你才可以发现在木头的表面，浮现着似乎正在流动着的水纹。“船只经过后，琵琶湖的湖面上留下了淡淡的涟漪，非常美。我就以此为原型，尝试着做了这款桌子。”

“枥拭漆流纹饰箱”。曾在第 57 届日本传统工艺展中获得“日本工艺会奖励奖”。细长的椭圆形有盖盒子。盖子上如同波纹一般的纹理与整个盒子的优雅线条相得益彰。

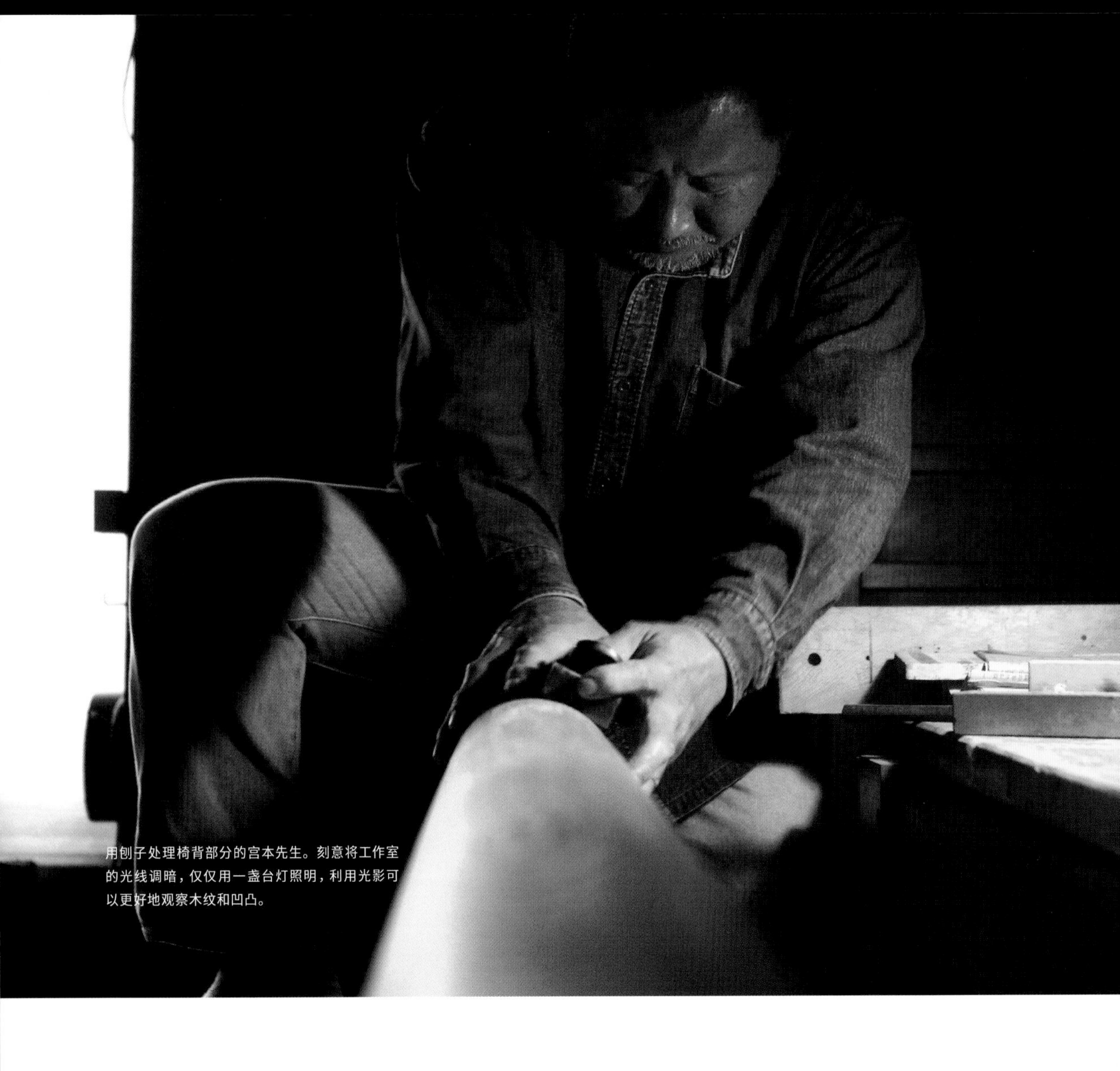

用刨子处理椅背部分的宫本先生。刻意将工作室的光线调暗，仅仅用一盏台灯照明，利用光影可以更好地观察木纹和凹凸。

第二个关键词，便是“平衡”。在宫本的作品之中，细致详尽的考量深入每一个细节。而这些关于细节的考量，便是让整件作品获得良好平衡感的基础。就拿装饰柜来说吧，顶部横面板以及底部横板都有特别之处。顶板的板材看上去厚薄均一，事实上却并非如此。在制作时，宫本特意把板材的中央部分留得比两端部分厚了一些，虽然仅仅是1～2毫米的厚度差，却让整个柜子有了很好的伸展感。而顶板两端边角处的圆润感，也让整个作品给人带来了温柔而舒展的感觉。

而宫本在制作底部横板时，刻意做了一个极度接近水平的拱桥弧度。这个弧度的存在，是考虑到柜子中部有柜门。这一部分比较重，拱桥弧度能够良好地承力。“底板中心部位的拱形弧度只有1～2毫米，这个弧度在承力后，整块板材正好就变成了一块水平的木板。这个细节，也是出于对整个作品的平衡感的考量。”

第三个关键词，就是“柔软的想象力”。宫本在创作作品时，除了会画一下简单的草图定型以外，不会制作任何标准清晰的图纸。“最初的时候我也会在图纸上很明确

制作中的餐厅桌椅套装。虽然是传统木工艺家，但是宫本先生也会经常制作大尺寸的桌子和椅子。

地标明这里是几厘米那里是几厘米，但是在实际制作中却发现这样的做法会阻碍想象力的自由发挥。当实际制作时、削着木头时、每当有新的好看的木纹出现时，我就希望能够把它很好地展现出来。而当有腐烂或者是木节部分出现时，就要想着如何避开这一部分木料，做出原本计划外的形状来。”无论如何，都要坚持灵活地协调处理。在现场制作中，以作品的整体平衡感为基础，根据木材的实际情况制作完成。

说到木材的话，他认为有一点缺点的木料会比普通整齐的材料更好，因为这些材料可以做出更有趣的作品。“当碰到虫蛀、木节的部位，就可以想着怎么通过削割去处理，可以把那一个部分削成八角形，也可以削成圆形，连思考过程都很有趣。”

10年修学，和师父同吃同住，最终成就了独立工作后的成果

宫本的父亲是京都著名的家具制作所的职人，在宫本家里，父亲也有着自己专门的工作空间。而家隔壁便是木工所，宫本从小便在很多与木头打交道的木匠、职人们围绕的环境中成长。很小的时候，宫本就经常把父亲的木工工具当作玩具来玩。父亲因为工作关系，和“人间国宝”木漆工艺家黑田辰秋先生算是熟人，所以也开玩笑地和宫本说过，让他长大之后去黑田先生家做徒弟。

高中时，在认真思考之后，宫本决定将来要以手工艺人作为终身职业。于是，他开始认真准备美术大学的考

“榉拭漆波涛纹大装饰柜”。正面柜门上巨大的水波纹，因为光影的变化，氛围感十足。当摄影灯没有照亮的时候，纹理便悄悄藏了起来。柜子上的铁艺作品，是宫本先生高中毕业后在汽配厂打零工的时候，自己用工厂的熔接机器做的。这个作品是水波纹设计的原型。

“枥拭漆波纹盘”。第50届日本传统工艺展“第50届纪念奖”获奖作品。同心圆的涟漪波纹，如同自然界中真实模样，摇曳生姿。

“榉拭漆涟纹椭圆桌”。通过雕刻木材的硬质部分，突出柔软的部分，在桌面右侧设计制作出了微妙的涟漪纹理。

心爱的刨子。大刨、豆刨、反刨等一应俱全。

试，可是复考两次都落榜了。教他素描的老师介绍了黑田乾吉给他认识，黑田问他愿不愿意做自己的徒弟，宫本立刻便答应了。黑田乾吉是黑田辰秋的长子，也是一个木漆工艺家。虽然并不是通过父亲的介绍，但宫本仍然机缘巧合地成为黑田家的徒弟，开始学习木工艺和漆。拜师之后，宫本和乾吉师父同吃同住(黑田辰秋并不住在同一处)，整整修学了10年。

"'先刻100个木盘!'一入门，师父就下了这个指令。于是，我就一个劲儿地刻啊刻。而在刻的过程中，慢慢地摸到了门道。做漆的工艺也是一样，是在大量的实际制作中慢慢学会的。当然，做坏了很多东西，失败过很多次。但是，也正是因为失败，才会真正记住正确的方法。"

修学完成后，在30岁时，他成立了自己的独立工作室，作为木工作家开始工作。他的工作室在一片森林之中，从窗口可以看到琵琶湖。独立后不久，他就报名参加了传统工艺展，第一次报名就成功入选。连年入选之后，他于1988年被认定为日本工艺会的正会员。

当时，看到宫本入选作品的人们经常会和他说，"果然是黑田先生的徒弟啊。""虽然我自己并没有意识到，但是确确实实，无论是平面的处理方式，还是拭漆加工工艺，我的作品就是具有非常明显的黑田流派的风格。在独立工作10年后，我开始思考如何去除黑田流派的特征，展现出自己的原创性。"

那个时候，他开始着手创作水波纹。

在琵琶湖周边美好的自然环境中，磨炼出的丰富感受性

工作室里，宫本用刨子开始削割榉木木料，它将会变成一套宽大的客厅餐桌椅家具中的一把椅子。一开始工作，宫本刚刚用京都方言聊天时脸上温柔的表情一下子就不见了。在略显昏暗的工作室里，他手边放了一盏台灯，一边确认着木料的阴影部分，一边根据纯粹的实际手感削割着。

"最近我开始感到，根据木头的自然状态进行制作是一件挺不错的事情。怎么说呢，可以说是全部托付给自然，更可以解释为通过少许的人工加工，重新赋予木料以生命。最近我几乎都不再愿意制作旋涡状的细密木纹。沉稳而温柔的木纹，能够更好地展现出器物的形态之美。"

在处理装饰柜的柜门表面时，他采用了水波纹。为了达到水波木纹轻巧自然地浮于柜门表面的效果，在制作过程中，宫本使用了很多种刨子，顺着木料本身的素直竖条纹理削割着。整个的加工过程与其说是削割，倒不如说是在雕刻。当然，同样也是在没有图纸的情况下。

而他的作品中，像水波纹首饰盒这样完全由整块木材凿出的作品，在整个制作过程中，宫本都非常尊重并依靠自身的感受性。"一开始，当看着这块木料时，自己想要做的器物是若隐若现的。只要一直盯着木料看下去，器物的形状便能够逐渐清

舒适地待在自己家中的宫本先生。他拥有很多的兴趣爱好，弹钢琴啊做荞麦面啊，样样精通。高中时期还是学校篮球队的主力。现在也会和朋友们一起去滑雪。

晰起来。稍微动手凿一下，然后再盯着看，然后再动手，如此往复的过程中，器物便实际出现在眼前了。由整块木头凿出的刳物作品，在制作时其实和雕刻有着不少的共通之处。”

面对那些以成为木工作家为志愿的年轻人，宫本给到了这样的建议，“不要只知道去学习木工技艺，记得一定要磨炼自己的感受性。”宫本本人也是这样做的，他选择了生活在能够眺望到琵琶湖的比良山脉的腹地山林之中，被美好的大自然所环抱。这样的生活给予他的作品很多美好的影响，例如如同水波涟漪般的木纹、树木的叶子或花的形状也经常出现在他的作品之中……

感受性、技术、稍许费事的工艺以及对于平衡感的严格要求，这些特点巧妙地融合为一体，从中诞生出了独属于宫本的出色作品。

1-2.“朱漆斜线纹宝石箱”。材料为桧木。内侧的格子纹理，为泡桐木和神代榆（埋藏在地底的榆木）共同制作而成。

位于琵琶湖西岸高处的宫本先生家，可以望到后方的比良山系。

宫本贞治
（MIYAMOTO TEIJI）

1951 年出生于京都市。1975 年师从木漆工艺家黑田乾吉。1984 年独立，在滋贺县志贺町（现大津市）建立工作室。作品入选日本传统工艺展。1988 年被认定为日本工艺会正会员。2003 年“栃拭漆波纹盘”获得日本传统工艺展“第 50 届纪念奖”。2004 年被滋贺县认定为无形文化财产技术保持者。2009 年获传统工艺木竹展“文化厅长官奖”。2010 年“栃拭漆流纹饰箱”获得第 57 届日本传统工艺展“日本工艺会奖励奖”。担任第 55 届及 58 届日本传统工艺展评委和第 11 届及 13 届传统工艺木竹展评委等。2013 年，获得紫绶褒章。

传统木工艺家也会使用电气机械去对木料进行初步处理。“并不是借用机械之力，而应该是善用机械之力”。机械右侧的模型，是餐桌套装的同比 1/5 尺寸。

宫本贞治
滋贺县大津市大物 923-6

精心制作着用灰汁进行表面加工的
木盘和茶托等充满独特风情的作品

木工作家

富井贵志

Tomii Takashi

坐在自家廊下的富井先生，正在擦拭干燥的灰汁。

根据不同的用途，在三种不同的表面加工方式中选出最为适合的

最近，富井贵治经常会用灰汁来对木盘和茶托等进行表面加工。用这种方式做出来的作品，乍一看就好像是无垢材，没有做过任何的表面装饰，却能够让人真切地感受到整件作品洋溢着独特的风情。这种感觉，是和木蜡油以及大漆涂抹加工后的作品气质完全不同的。

“我希望人们能够最为直接地感受到木料的表情以及手感。用灰汁来进行表面加工的方式，可以很好地展现出木头的优良本质。看上去的感觉，可以用风情洋溢来形容。”

1. 灰汁处理工艺的第一步。烧柴暖炉的灰和水进行混合，制成灰汁，进行表面涂抹。
2. 站在暖炉另一边的大女儿千寻。

成立独立工作室之后差不多过了一年，他就报名参加了一个国展工艺部门的公开招募。“要用什么样的作品去参赛呢？”他反复思量。就在那个时候，他突然灵光一闪。在传统做法中，就有用石灰去给木制品染色的方法，那么如果用同样也是碱性的木灰去做表面加工的话，应该也会很有趣吧。于是，他着手尝试用木灰和水混合做成灰汁，然后涂抹在木器上，果然获得了让人觉得十分稳重的效果。

“木灰应该是木头最后的姿态了吧，所以我觉得它应该会和木头很投缘。”

用灰汁涂抹木盘等作品后阴干，然后再把表面的灰弹落，最后用包裹着米糠的棉布去仔细擦拭整件作品。这样一来，雅致的光泽就展现了出来。这种光泽一点都不炫目，可以说是一种成熟稳重的光泽。2009年，他做了一个灰汁表面加工的栗木木盘去参加国展(日本的国画会运营的全日本最大的公募展，项目包含绘画、版画、雕刻、工艺、写真等)，果不其然，第一次参赛就获得了入选。

现在，富井的作品表面加工的方式基本上定为三种，其中的一种就是灰汁。他会根据器物的实际用途以及使用方式，来决定用哪一种表面加工方式。

“漆是终极级别的天然涂料。它能够非常好地保护木器的木质部分，这是它最为优秀的性质。而且在颜色上，无论是红色还是黑色，都可以很好地上色。勺子以及调料碟一类的小碟子，我都会用漆去做表面加工。而大碟子以及碗，我会用木蜡油。随着日常使用，木蜡油加工的大碟子和碗会变得越来越有味道，而且耐用性也会增强。我用的木蜡油，是自己用荏子油和蜂蜡调和做成的。”

对于手工作者来说，根据器物的实际使用方式来决定表面加工的方式是很少见的。特别是灰汁，更是富井的原创做法。除此以外，他在木工制作中也经常会用到很多独一无二的制作工艺，例如在做勺子的时候用到通过加热来进行加工的弯木工艺。正是因为富井拥有这样独特的想象力，让他的作品展现出了和其他手工作者不同的奇妙之处。

1. 用凿子处理纹理的杯垫系列。表面做木蜡油处理。
2. 用大漆做表面处理的花朵形状小碟子。

胡桃木制作的大碗以及山樱木制作的碟子和勺子等。

1. 灰汁处理工艺的最后一步，用布包裹米糠，反复摩擦器物表面，创造出了无以言表的特别质感。
2. 故意留有凿痕纹理的柚木材质方盘。

为了成为物理学家的理想一直念到了硕士，却最终决定“以木工的身份生活下去”

富井出生在新潟县的小千谷市，并在那里长大。小时候经常在深山里玩耍，捡橡子，和父亲一起采野菜，大自然对于他来说一点都不陌生。中学毕业后，他考上了电子控制工学科的高等专业学校（日本的五年制高等学校，高中和大学连读）。三年级时，他去到了美国俄勒冈州的一所高中留学，在这所位于山间的学校学习生活了一年的时间。这是一个林业十分发达的地区。

“因为是木材的产地，所以每天路上都有很多载满了大圆木柱的拖车开来开去。我们经常去森林看百年大树，于是我开始对木头有了兴趣。但是那个时候，还并没有想过要在以后从事与木工相关的工作。”

回国后，他回到了之前的高等专业学校继续学习。当时，他的理想就是将来要成为一名物理学家。而另一方面，他也开始对厨房用具、器物之类的东西产生了浓厚的兴趣，甚至还想尝试着建一栋圆木屋。就在那时，他在杂志上看到了工艺家稻本正先生以及他所建立的家具工房“橡木村”（Oak

Village）的报道。稻本原本是在大学里专门研究物理学的，“学物理的人，现在在做着木工”，富井觉得颇感兴趣，甚至去了位于飞弹的家具工房参观。但此时，他仍然只是抱着“以后有机会的话，要做做看木工”的想法。从高等专业学校毕业后，他插班进了筑波大学物理工学系的三年级继续学习。

当时，他也会用山里捡来的木料做一些黄油刀、磨芝麻的棒子之类的小东西。因为学校距离笠间和益子这一些陶瓷器物的产地很近，所以他也经常去那里的器物店玩。考上硕士研究生之后，在毕业前，他最终决定“要以木工的身份生活下去”。他去到了“橡木村”的“森林匠塾”学习木工技术，并在学成之后入职“橡木村”工作。

当时，他已经在心里决定了，将来要作为一个专门制作生活道具的木工作家独立工作。2008年1月，他离开了“橡木树”，在滋贺县的信乐地区成立了自己的工作室，开始制作他长期以来一直非常感兴趣的厨房以及与餐饮相关的生活道具。

“好好地”制作自己真正想使用的东西

虽然从开始独立工作算起，也仅仅只有几年的时间，但是日本全国各地的画廊以及器物店，都纷纷邀请他去当地举办展览。工作表上，几乎每个月他都有一个个展或是双人展。是什么让他拥有如此高的人气呢？

“可能是因为我的作品的器形看似市面上很多，但实际却是很少见的东西。站在客人的角度去想的话，器形应该是非常重要的。”

的确，大漆表面加工的小碟子、有着纤细把手和平稳

3. 富井先生和妻子深雪女士。
4. 富井先生家是一栋拥有100多年历史的古民居。

富井贵志
新潟县长冈市小国町桐泽2010-1
http://www.takashitomii.com

富井贵志
（TOMII TAKASHI）

1976年出生于新潟县。筑波大学大学院（数理物质科学研究科物质创成先端科学专攻）中途退学。2002年在岐阜县高山市“森林匠塾”学习木工。2004年进入“橡木村”工作。2008年独立。作为木工作家在京都府南山城村创立工作室，家庭定居在滋贺县甲贺市。2009年开始，作品多次入选国家级展览。2012年，“灰糠栗长圆盘”获得第86届国展工艺部门新人奖。2015年，工作室与自宅均搬迁至新潟县。

勺面的浅勺……富井的作品大多都是市面上好像有，但其实非常少见的东西。从这一个方面，其实就可以明白无误地了解到手工作者的真实品位。在制作作品的过程中，富井心里一直惦记着手里的这一件作品“能不能在餐桌上摆放出一道美丽的风景，能不能让放在上面的菜肴看上去更好吃，能不能很趁手地拿在手里使用……”而这一切的深思熟虑，最终也完美地由他的作品展现了出来。

在制作过程中，他还有另外一件一直记挂在心的事情，那就是“好好地”制作自己真正想使用的东西。这一句“好好地”，应该就是关键之处。对于一件生活道具作品来说，无论富含多少原创性，无论器形有多美，但是如果使用起来不方便的话，那么实际使用的人还是会认为这件作品多多少少有不足之处。

从下一阶段开始，富井想尝试做一些大件的器物和木盘等作品。当然，关于制作器物的理念不会有一丝一毫的改变。想必他会做出更多有特别之处的新作品，这些器物一定会看起来更美，摸起来更舒服，用起来更趁手。

左图：日常生活中，富井先生也一直使用自己的作品。

在继承发扬传统技术的同时，雕凿出属于当下时代的作品

职人兼木工艺家

佃真吾

Tsukuda Shingo

纯真直率地雕凿栗木，展现出木头原有的美好气质

左手拿凿，右手握锤，佃真吾开始雕凿一块栗木木料。“咔咔咔、咚咚咚”……满满当当地放着各种工具和材料的小小工作室里，回荡着充满力量并让人心情愉快的声音。

“栗木虽然坚硬，但是雕凿起来却很容易。凿子留下的痕迹颇为独特，将栗木原本的粗犷感很好地展现了出来。我本人很喜欢这样的气质。”

独立成立工作室后不久，从2005年开始，他每年都会以刳物作品（由整块木料雕凿出的木器）参加国展，每一年都会入选或得奖。2007年的第81届国展上，他的茶箱作品“茶櫃”获得了“国画赏”。评委们给予了高度的评价：“纯真直率地运用着木头这一种材料，清楚地展现出了木工制品的落落大方感。能够收到这样的参赛作品，真的是太让人高兴了。”带着少许圆弧感的外形、富含力度的栗木纹理、恰到好处的拭漆加工……各个细节都完美地融于一体，整个器物显得优雅而落落大方。

栗木茶箱。盖子上的绳结是鹿皮制作。

“刳物的话，自由度很重要，这样才能做出具有豁达气质的东西。而指物则相反，它是由很多直线线条组合而成的，展现出的是严肃而凛然的气质。在制作指物时，也可以适当择取一些刳物的优点融入其中。”

在一个名为“黑漆厨子棚”的作品中，就可以看到指物融合少许刳物优点的做法。这一款指物作品十分优雅凛然，因为佃真吾运用了少许的弧线线条，所以同时也散发着温和的气质。

认识木工艺世界之后，每一天都花费在努力学习技术之上

从刳物到指物再到漆，佃真吾一边继承发扬着传统木工技术，一边创作着超出传统工艺领域的作品。而他走上木工艺这一条道路的契机，却带有很强的偶然性。

大学时，他学的是经济学，毕业后便按部就班地进了一家公司工作，主要负责销售，每天都在客户那里奔波。做了半年之后，他便辞职了。原因只是因为他隐隐约约地觉得，以后应该做一个手艺人。“我想先做做看木匠，同时也很希望能够成为一个专门建造圆木屋的木匠。”

十分碰巧，当时他的一个朋友问他愿不愿意去自家的木工所工作，于是就成了一个专门制作家具的职人。虽说如此，但他当时的工作基本上就是用机械切割胶合板，做成简单的家具，或是企划活动上用的临时陈列展柜。“有点不对劲呢，做出来的东西大多用一用就被扔掉了。我想做的，应该不是这样的东西吧。”他思考着。

就在此时，在上下班路上，他突然看到了一块写着“木工塾”的招牌，便立刻报名参加了，每周三次，下班之后

1. 茶道具盒套装，茶罐、茶勺等都能够收纳在一起。
2. 栗木茶道具箱。
3. 多款栗木盘子。我谷盆（左上）、木地盆（右上）：栗木材质，未涂大漆。我谷盆的深盆（中）：粗削的痕迹令人印象深刻。四方盆（下）：木面用火枪做过烧灼处理，后上大漆。

栗木茶箱。第 81 届国展工艺部“国画赏”获奖作品。由整块木料凿刻而成，可以收纳茶壶和茶杯。气质安稳朴实，而带有圆弧的外形更令人印象深刻。

他就会去木工塾学习。这里的老师是著名的木工艺家黑田乾吉，他父亲是“人间国宝”黑田辰秋。

“在没有任何准备的情况下，我就跑去木工塾学习了。关于木工艺，我当时可以说是完全的门外汉，什么都不懂，甚至连黑田先生是谁也不知道。而关于木工塾本身，我也以为是一个像飞弹的“橡木村”那样制作美国夏克式样家具的地方。结果没有想到，是一个完全相反的专门教日本刳物制作的教室。第一年，我扎扎实实地学会了如何磨刀。‘当你能够真正学会磨刀，那么刀具以后一定会在工作中报答你’、‘要好好思量，为什么选择手工艺这条道路’，现在再回想起黑田老师关于手工制作的思考方式以及曾经教导我们的话语，

黑漆栗木箱。第 83 届国展工艺部入选作品。和之前 81 届的获奖作品风格迥异，笔直的线条存在感十足。“我希望能够突出栗木的粗犷质感”。

依然觉得受益匪浅。而当时学到的黑田流的木工艺，则构成了我现在工作方式以及思考方式的主核。”

在接触到日本原创的传统木工艺人之后，他深深为之倾倒。佃真吾觉得，即使以后不做任何欧美形式的家具，也没有任何遗憾。而在了解了日本手工制作的世界之后，他决定继续在木工艺的道路上前进下去。于是，每一个周日他都会去黑田辰秋的好帮手、一个指物职人那里学习木箱的组合搭建。

不久之后，佃真吾从朋友家的木工厂辞了职，进了以京指物闻名业界的井口木工所工作，负责特别订制家具的制作。当时，京都迎宾馆的家具也是他制作的。37岁时，他在京都的高雄成立了自己的独立工作室。

栗木黑漆双开门柜。放在柜子上的是根来药器的复刻作品。

栗木的本色三层柜。纤细的柜脚由榫卯结构组成，特意增加了牢固度。柜子上放着的是东北地区栃的古代碗的复刻作品。

严格要求自己的同时，客观地评判自己的作品

“创作作品时，会变得有一些马虎。比如尺寸把握和表面加工方面。”

佃真吾颇为意外地说了这样一句话。

“但如果有客人说，他想要一个和这个短册箱（细长的纵向小柜子，专门收纳茶道具）一模一样的柜子，我也会帮他做。这类职人的工作，也是我日常工作的一部分。这一类的工作，必须完全按照客人的订单去制作，客人对于最终成品的完成度也有着很高的要求，所以在做这些产品时，我会非常小心翼翼。因为在制作过程中是绝对不能自由发挥的……职人的工作和木工作家的立场，一直在我脑子里切换着。但是，也正是因为这一部分职人的工作，对我自己创作的作品也起到了好的影响。”

这样听来，其实“会变得有一些马虎”这句话其实有着其他的意思。换一个角度来说，所谓的“马虎”，正是佃真吾作为一个木工艺家所拥有的自由的想象力，以及对于自我内心和思想的自由奔放的展现。

“在自己心里是一定要有一个‘刹车’存在的。在最后进行表面加工的时候，如果不对自己严格要求的话，最终的成品就会变得半吊子。比如说在处理的时候过于

位于京都高雄的工作室，周围有着众多古老的木屋。

木工藝 佃
京都市右京区梅之畑广芝町 1-4

佃真 吾
(TSUKUDA SHINGO)

1967年出生于滋贺县。大学毕业后曾在公司工作。1990年开始在木工所学习家具制作，并成为职人。1992年-1996年，从师黑田乾吉，一边学习木漆工艺，并一边工作。1995年进入京指物井口木工所工作。2004年独立。2005年作品入选第79届国展工艺部。2007年获得第81届国展工艺部“国画赏”。2009年，被推荐为国画会准会员。现在每年都会在全国各地举办多次个展和群展。

1-3. 工作室有大量与茶道和古董相关的书籍。
4. 在工作室用凿子雕刻着木盘的佃真吾先生。

豪放，那么成品就会显得粗糙。如果过于炫技，那么就变成了一种职人技艺表演。一定要寻找到那个正正好的平衡点才行。所以，一直保持一个客观的状态去评判自己的作品是非常重要的。”

他在创作作品时，最初会画一下草图，但是当雕凿出大致的形状之后，就完全依照脑海里的印象去继续加工，直至最终完成。因此，他也并不是完全放任自己的感性去驱动双手工作。

“我希望能够在传统技术的基础上，制作出具有当下生命力的东西。”他的作品看上去很像古董生活用具，但实际上却并没有传统的民艺感，能够让人从中感受到当下的时代感。近期，他想尝试创作的是一个非常大的刳物器物，“最终能够做成怎样一个作品，我也不知道，不过我已经把栗木原料准备好了。”这一件作品的完成，真是让人期待啊。

作品背面的签名——“吾”字。

新宫州三

Shingu Shuzo

不仅彻底追求器形之美，同时凭借着一个人的力量完成从木坯制作到上漆工艺全过程 **新锐木漆艺家**

一边接受老师的熏陶，一边磨炼自己看待事物的洞察力

这一个钵的表面，刨子的削割痕迹，深浅留得恰到好处。用拭漆工艺做了表面加工的外侧钵壁，栗木原有的木纹和刨痕相得益彰，平衡度非常好。而内侧钵壁则用了轮岛漆器的传统技法，上了黑色的漆。

“我并没想过要刻意地留下削割痕迹，现在能够看到的这些痕迹，都是在制作过程中自然而然留下的刨痕。刳物作品的制作，是从器物的内侧开始雕凿的。雕凿的力度比平时要增大两成，从内部深凿到外部。这样的力度能够保证钵的侧面和底部厚薄适中，如果力度过轻，那么这两个部分就会太厚而过于笨重。”由于老师非常彻底的教育，所以新宫州三很重视“器形”这一点。他的老师是重要无形文化财产保持者（人间国宝）、木工艺家村山明。

“从老师那里学到的最重要的东西，应该就是‘器形’。对于器形的意识要强，要成为一个能够真正看明白器形的人，为此，我竭尽了全力，想要做出蕴含生命力的器形。要知道，器物会因为形状上0.01厘米的厚薄或者角度上的细微差别而产生天壤之别。这一切都和这件器物最终能否成为一件有魅力的作品紧密相关。”

新宫不仅彻底地追求着器形之美，同时也凭借着一个人的力量完成了从木制品部分到上漆工艺的全部工艺。他不仅仅是一个木工艺家，还是一个能够称得上木漆艺家的手工作者。从他独立成立工作室到现在，并没有过去很长的时间，但是日本各地的画廊都争相邀请他去当地举办个展。在新宫的作品中，不仅可以看到老师村山明对他的影响，也可以看到他在和各种各样的人的交往中所感受并学习到的东西。

生活在轮岛和宇治的日子里，他不断学习修炼着漆艺和木工技术

新宫的父母都毕业于大学美术部，外公是民艺品收藏家。在这样的家庭环境中长大的新宫，从小就一直参加绘画教室的学习。

“父亲的兴趣爱好是制作小的艺术装置品，家里也长期订阅各种美术类杂志。在外公家里，河井宽次郎和栋方志功的作品也很平常地摆放着。”

中学时，有一次他去外公家玩，看到了一个由整块木料雕凿成的刳物大木盘，表面加工用的是大漆。

“这是雕刻家榎本胜彦的作品。我第一眼看到的时候，就觉得这个木盘太厉害了。又摸又看，把玩了很久。我的叔叔是榎本先生作品的收藏家，所以后来就带我去和榎本先生一起吃了饭。从此，我就一直非常崇拜和尊敬榎本先生。”

上大学时，他选择了艺术部。这个选择并不是因为他想成为榎本先生那样的手工作者，而仅仅是因为他一直不喜欢念书，抱着美术大学的学

上方三个整木凿刻的木碗，材质为栗木。下方车工工艺的深碗，材质为榉木。

整木凿刻的置物箱。图中央的是茶器。右上的大箱子，表面进行了锡和大漆的混合涂层处理。

新宫州三
京都市右京区京北鸟居町西山之元 8
fukiurushi@softbank.ne.jp

1. 深碗下部有“州三”的落款印。
2. 涂过漆的各种器物，在名为“室”的专业干燥柜子里干燥。

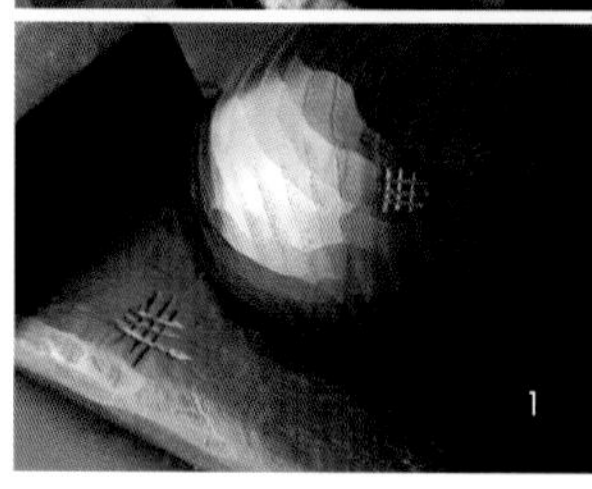

习会轻松一些的想法，他做了这个升学决定。他的大学专业是雕刻，在用过铁、石膏等各种材料后，他发现自己最喜欢的是木头。于是，便开始埋头于抽象木刻雕塑。

“我从小就很喜欢木头呢。小学生的时候，就买过木制古董物件。因为对于木坯上漆很感兴趣，所以大学毕业后没有找工作，直接跑去了轮岛的漆艺研修所学习。最初的三个月是在很严重的漆过敏中度过的。虽然很苦，但也完全没有想过要放弃漆的学习。”

整木凿刻的木台作品。材料为榉木。长度40cm。原型是新宫先生收集的非洲木枕。

以旋盘车工制作的盘子，拥有流畅的弧线纹理。

研修所的所有课程都主要围绕漆而进行着，但是他对于制作木坯也很感兴趣，一心想着以后要亲自做木坯。于是在研修所不上课的时候，新宫就跟着所里的一个工作人员学习转轮拉木坯，这个职员也是轮岛当地正宗的木坯师。

“学到了很多的东西呢。当时一直在练习制作木碗，因为做了很多很多，所以很清楚地了解到了，其实毫米之差就会让整个木碗的形状发生改变。”

当时，新宫也在漆艺家赤木明登的门下帮忙做些零工。而这段经历对他来说也是很大的人生机遇。赤木明登在全国各地举办个展时，新宫会作为助理随同前往。这一段日子里，光是在一边听着赤木和各地画廊主理人之间关于“美是什么”的探讨，就让新宫获益匪浅。

就这样，新宫在轮岛生活了3年。接下来，他还想要学习刳物的制作。因为在书上看到了村山明的作品非常喜欢，所以他就很想拜村上为师。虽然有着强烈的愿望，但他并不知道应该怎样去达成。最终，他找了赤木老师商量，结果在赤木的介绍下，经由一个美术馆的学艺员作为中间人，终于联系到了村山老师，并如愿以偿地成为他的徒弟。

之后，新宫在京都宇治村山老师的门下，前前后后学习并工作了7年多的时间。其中他也曾遇到过一些周折，也曾离开老师门下去做过一些和木工或漆没有任何关系的工作。最终，在2006年时，他成立了自己的独立工作室，凭着自己的原创作品作为手工作家，开始了新的生活。

蕴含着理想的气质，能够将木和漆的魅力最大限度展现出来的作品

“通过亲自制作木坯，可以做出很好的器形。现在，我的工作重点放在了器物表面加工处理上，我想做出具有魅力的触感和质感，想做出和以往不同的器物的味道来。”

运用木头为原材料而进行的工作，对于宫本来说，理所当然地成了他的终身事业。“希望能够把漆的可能性更

大地扩展开来。希望在人们的餐桌上，能够见到更多的漆器餐具。”对于工作，他这样思考道。“如果不去尝试那些谁也没有做过的事情，那么自己也不会进步。”他认为，如果只是一味地模拟当下流行的当红手工作者的作品，那么工艺是无法前行的。

“从今往后，我希望能够努力去接近自己理想的目标。我很喜欢茶道具这一类老物件的气质，所以我希望自己的作品也能够拥有相似的气质。”

在不工作的时候，新宫是一个爽朗的爱好体育的关西人。但是，当他作为一个手工作者出现时，毋庸置疑，他确确实实就是一个在追求最有魅力的器物之美的道路上不断前行的求道者。

新宫州三
（SHINGU SHUZO）

1973 年出生于神户。京都精华大学艺术学部造型学科毕业（雕刻专业）。石川县立轮岛漆艺技术研修所专修科毕业。入学同研究所的椂地科后中途退学。师从木工艺家村山明（重要无形文化财产保持者）。2006 年独立，以整木凿刻作品为主开始创作，并在全国各地举办个展以及群展。

『我希望自己做出来的东西对人们来说是有用的』，不断追求优良的实际使用感 **木工作家**

川端健夫

Kawabata Takeo

助产士的一句话，成为新作品诞生的契机

用核桃木削成的儿童小勺和儿童叉子，长度只有12厘米左右。在这些小巧轻盈的餐具中，深深地凝聚着川端健夫的千思万想。

“我希望自己做出来的东西，对于人们来说是有用的。希望无论实际使用的人是谁，这个器物是真正能够帮到他的，比如说孩子们。”

刚刚作为木工作家开始独立工作时，川端的工作主要集中在桌子椅子等家具制作之上。而工作重心发生变化的转折点，便是他的长子一树的出生。2006年一树出生时，帮助生产的助产士的一句话，让川端走上了现在的道路。

勺子和叉子的把手部分，特意设计成了三角形，以优化手感并增加强度。

“助产士和我说，‘接下来，就要时不时地喂小婴儿糖浆之类的东西了。既然你是做木工的，干吗不试着做做看木头的儿童小勺子呢？’多好的想法啊！我立刻就做了一把小勺子，专门用来喂一树。”

因为这个契机，小碗小碟等器物、小勺子、小叉子……接连不断地在他手中诞生了。

“刚出生的小婴儿的嘴巴是什么形状的呀？勺子的话，要做多大呢？思考着这些问题，整颗心都变得温暖柔软起来了。”

因为将自己的家人和朋友们设定

川端先生制作的餐具盘，盘子上的餐具自上而下为：酸奶勺、汤勺、咖喱勺、午餐叉、意面叉。

正在工作室认真制作勺子的川端先生。

一边削木头，一边确认勺子顶端厚度。考虑到放入嘴中时的触感，厚度要处理得当。

为真实使用者的缘故，川端越发明显地感受到，自己真正想做的东西，就是那些确确实实站在使用者的立场上去思考的生活道具。现在，全国各地的店铺发来的要川端制作餐具和器物的订单络绎不绝。除此以外，每年他也在全国举办多次个展以及双人展。

原本的目标是有机农业，却走上了木工的道路

一直到高中，川端都是一个棒球少年。

“因为很喜欢体育，所以就想着以后要选一个大自然中的体力工作作为终身职业，这样想来，应该就是农业了。”

上大学时，他在农学部林学系下的造林学研究室学习。“大学时期和树木打交道的经验，和现在的工作也联系在一起。当时的确是很偶然地进到了林学系学习，但现在想来，如果当时没有去的话，那么现在我肯定也不会做木工的工作。”毕业后，他也有考虑过是不是要做老师，但最终还是选择了三重县的民办农业机构入职。

“我虽然很想自己尝试着开始农业工作，但完全不懂应该从何开始，所以干脆就决定先去农业机构学习一下。”

入职之后，他最早负责的工作就是种植草莓和葡萄。但是对于民办农业机构来说，果树栽培的项目也是刚刚开始的实验阶段，因此川端每天都在实验和试错中度过。4年后，他离开了这个机构，向一家业绩良好的东京有机农业农户报名，希望能够在那里继续研修。当时，和他同一个时期入职三重县农业机构的妻子美爱，抱着将来成为一个甜点师的愿望，也开始了在东京甜品店的工作。

“当时我们两个人住的地方，距离那一个农户家很远，每天要在交通费上花很多钱。所以我就决定先一边

领失业金，一边在附近的职业训练学校里学习木工。当时，我完全没有想过以后要做木工作家，只是抱着如果以后能够一边务农一边做些木工活也挺好的想法。”

入学后，川端逛遍了东京以及周边的室内装饰店和相关的展览，这一切让他产生了很大的震动。他第一次见到了木工作家木内明彦的作品，在个展上他陷入了沉思：“究竟要怎样，才能做出这么好的作品来啊？”

于是，他立刻去了木内的工作室拜访，交谈之后，便立刻申请成为他的弟子。从此，每个周末他都会去工作室帮忙。从训练学校毕业后，他正式开始在工作室全职工作。工作内容不局限于助手的工作，也会制作自己原创设计的椅子。“当时经常会被老师劈头盖脸地批评呢。”比如说，“这些线条有很多破绽，完全没有流畅地连接在一起。这样的东西，绝对不是专业人士的水准，完全没有遵照规矩来啊。”

“当时，虽然听着老师这样说，但完全不懂也不理解。直到两年之后，有一次我按照老师画的图纸加工着器物的弧线部分时，突然醍醐灌顶般地领悟了之前老师说的那些话。也就是那个时候，我开始考虑以后作为独立手工作家的职业道路。”

以“日常生活中所使用的生活道具”为本的手工器物制作

从那时起，川端就开始寻找能够兼容木工工作室和甜品店的场所，得知这个消息，朋友介绍了现在工作室所在的这个老房子给他。这里最早是一个养蚕厂，后来也被用作过农业学校的校舍。川端一眼就相中了这个地方。于是，2003年的秋天，他搬来了各种工具器械，在这里成立了自己的工作室。在朋友们的帮助下，大家还一起对老房子进行了改造。2004年7月，甜点工坊兼咖啡馆兼画廊“ Mammamia”也在这里诞生了。

1. “Patisserie MIA” 店内使用的餐盘（樱桃木）、甜点叉（枫木）。
2. 由胡桃木和柚木制作而成的色拉碗。

儿童碗（直径 8-9cm，高 4cm），碗内刻意留下了凿印，在实际使用时可以方便碾碎食物喂食。儿童勺（长 12.5cm）。儿童叉。

当时，他也想过一边从事农业一边做木工，但他很快就被同是木工作家的前辈给点醒了，“想一心二用做好两个不同的职业，这也是有些想得太简单了”。于是，他决定从此一心一意地做木工。

“不仅仅是小件的餐具和器物，我也想做各种各样的家具。当然，这些家具的根本特质还是生活道具，是对于人们的日常生活来说真正有用的东西。仅仅追求外形的美观，并不是我的目标，我希望自己做出来的东西，是使用起来心情很愉悦的。”

对于川端来说，他的工作之中最为基础的理念就是：“制作日常生活中真正会使用的生活道具，而且一定是要用起来趁手方便的。”在此之上，“自己做出来的东西，一定要对于某一些或某一个人来说是有用的”也是他所坚持的。可见，川端所独有的具有真正温度的作品，应该是他在不断努力去理解老师、助产士等周围人们言语的基础上所诞生的吧。

坐在自己制作的长凳上的川端先生。长凳长度190 cm。在制作家具时，川端先生非常重视榫卯结构的使用，以及减少螺钉的使用。“当然，传统榫卯工艺是为了让家具更加牢固，并不是炫技。”

川端健夫
(Gallery MAMAMIA、Patisserie MIA)
滋贺县甲贺市甲南町野川835
http://mammamia-project.jp

川端健夫
(KAWABATA TAKEO)

1971 年出生于大阪府。毕业于东京农业大学农学部林学科。就职于农业机构后，继续在东京都立足立技术专门学校学习木工技术。从专门学校时代开始，师从木内明彦。2003 年在滋贺县甲贺市创立工作室。2004 年，开设“MAMAMIA”画廊、蛋糕点心工坊以及咖啡店。现在和妻子美爱一起共同经营蛋糕咖啡店“Patisserie MIA”。

1-2. 妻子美爱经营的蛋糕咖啡店“Patisserie MIA”是远近闻名的店铺，男女老少络绎不绝。店内的桌子和椅子都由川端先生制作。
3. 店内还销售着川端先生以及其他手工作者的作品。

难波行秀

Nanba Yukihide

木工家具作家

一边揣摩着设计感与耐用度的平衡点，
一边默默削着线条流畅的木叉子

听取客人的意见，追求趁手的使用感

“咻”，勺子从口中轻轻拔出，勺面在嘴唇之间顺畅地滑过，这种感觉让人觉得分外欢喜。

我用难波做的勺子试着吃起了咖喱，这是一把用胡桃木削成的勺子，一盘咖喱分分钟就吃完了，格外舒畅。虽然这是一把木制的勺子，但与以往常见的那些有着凿痕的木勺子不同，它的线条十分简洁流畅，触感平滑。当然，它肯定和金属制成的勺子也不同。除了触感以外，它的器形洗练，轮廓清晰而鲜明。

1. 正在用自己的咖喱勺吃咖喱的难波先生。勺子的弧线和角度的平衡感良好，触感顺滑，用起来仿佛让咖喱的味道也更好了。
2. 勺子。长度约 19cm。材料为胡桃木。
3. 能够方便地卷起意面的叉子。手柄的材质和厚度反复听取了使用者们的意见，多次改良而成。

* 拍摄场地：香料 & 餐厅“飞天地毯”（兵库县西胁市）

胡桃木平托盘。大 460mm×325mm、中 360mm×270mm、小 250mm×145mm。

“做木制勺子时，有一个很大的困难之处就是成品的强度和耐用度问题，这些是和勺子最终的厚度紧密相关的。寻找到美的器形和结实耐用这两者之间的平衡点，是最为重要的。”

在制作勺子时，难波最为注意的一点，就是勺子在实际使用时，用来舀取食物的勺面部分是不是适合所盛放食物的盘子的深度。

“勺面的弧度如果做得太大，那么勺面就会过深，变得像一个调羹一样。这样一来，吃东西的时候，勺子就很容易会在嘴里卡住。为了不让这样的情况发生，我在制作过程中，会一边削割调整，一边把勺子放在嘴里实际感受，调整到我自己觉得最好的口感状态。就算是做了一半的勺子上沾满了木屑，我也一点都不在意。”

当然，仅仅是自己满意的形状也是不够的，他在听取客人和画廊的主理人等多方意见之后，不断地对自己的作品进行改良。就拿意大利面叉来说吧，难波最初根据自己的手感，做了握起来最舒适的粗细的叉子柄。但是女性客人们实际使用之后，提出了叉子柄有点太粗，所以在吃意大利面时，当用叉子叉起面条旋转的时候，叉子有些难拿住的意见。另外，也有客人提出，由于叉子的尖叉部分有一点过于笨重，所以清洗起来有些麻烦。

“最早开始制作勺子的时候，当时是有一点自以为是的。不过意识到之后立刻就改了，会根据客人的意见以及自己观察家人们实际使用的情况去制作和改良。因为就算是自己用起来很顺手的器物，并不代表其他人肯定也觉得同样顺手。”

勺子、迷你叉、黄油刀等难波先生制作的餐具。材料为胡桃木、樱桃木、枫木。

经过这一系列的研究和改良，他的勺子、叉子等作品最终定型为现在的样子。这些作品融合了他的原创设计以及良好的使用感。对于作品的最后表面加工，他坚持使用桐油以及荏子油进行涂抹，因为这些餐具都是直接和食物以及人体接触的，一定要保证卫生和安全。

想制作结实耐用的木制餐具

高中毕业后，难波进了技术专业学校，专业是家具工艺。

“孩提时代就很喜欢动手做各种东西玩。因为一心想着早点可以成为真正的手艺人，所以根本就没有考虑念大学的事情，高中一毕业就去了技术专业学校。选专业的时候也是有些茫然，但是不知道为什么，就认定了如果要做的话，就做木头的东西。”

在技术专业学校学习了木工的基本常识和技能之后，他开始从事各种和木头相关的工作。在工作中，他越发觉得自己是真正爱着木头的。前前后后，他在木工厂里做过胶合板的组装家具，在指物师的门下作为弟子学习过，甚至还从事过植树伐木等林业工作。当他30岁时，开始作为一个以无垢木材为原料制作家具的独立木工作家进行工作。

最初，他的作品主要以桌子和椅子为中心，随着个展以及双人展的举办，销路也慢慢被打开了。但是，他却面临着一个问题，那就是桌子等大件家具并不是一下子就可以卖掉很多张的。就在这个时候，他开始考虑制作那些客人比较容易购买的餐具，例如托盘以及叉子等等。不过，他想做的餐具作品的风格和市面上常见的那些人气手工作者的作品完全不同。在材料上，他也尽量使用制作大件家具时剩余的边角木料。

“我想做的，的的确确不是那些手工感很强，像工艺品一样的东西。我希望自己做的餐具是扎实耐用的，而且曲线和直线之间有着完美的平衡感。”

难波对于北欧设计一直很有兴趣，从他的餐具作品中可以看到北欧设计对于他的影响，同时也兼具了很强烈的原创性。

摇椅。椅背部分的曲线设计和座椅椅面的凹陷设计符合人体工程学，坐感舒适。

勺子的设计是与家具共通的

在难波的代表作品中，有一款高背椅。虽然有些难以具体形容，但这把椅子确确实实让人感受到了丹麦著名家具设计师芬·祖尔的气质。

“到底还是北欧家具看起来有型啊。年轻的时候，第一次看到汉斯·瓦格纳的‘The Chair’时，一眼就被深深吸引了。椅脚部分倾斜的角度和线条，是整把椅子完美外形之中的点睛之笔。在木工作家之中，瓦格纳和芬·祖尔的崇拜者非常多，我也从他们的作品中受到了影响和启发。”

难波的椅子作品“No.3”入选了第4届生活木椅展。从侧面看，这把椅子的扶手部分和椅腿部分相互连接，构成了一段美丽的弧线。而正是这一段弧线，给整张椅子带来了很强的视觉冲击力。

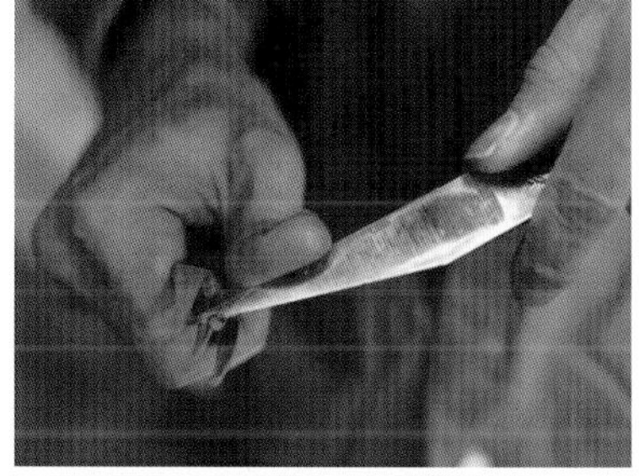

TANBANANBA 木のしごと
兵库县丹波市山南町小野尻 423-1
http://www.tanbananba.com

1. 高背椅（左）和用皮革编织椅面的“No.9”椅子。
2. 正在搬运胡桃木材的难波先生。

难波行秀（NANBA YUKIHIDE）

1970 年出生于兵库县。于福知山高等技术专门校家具工艺科学习基础木工。毕业后，经由木工所以及指物师门下工作后独立。在兵库县南町（现改名为丹波）创立工作室，开始独立制作家具。2004 年作品入选第 4 届生活木椅展。2007 年，工作室改名为“TANBANANBA 木的工作”。近期着力于木质餐具的制作。

仔细观察难波所做的家具作品，无论是在设计还是加工工艺上，都可以很清晰地感受到勺子叉子等餐具作品之间深度的关联性。而对于这一点，难波本人也深有体会。

“我自己也意识到了这一点。家具制作和勺子制作之间的关联性，也许可以解释为同一种设计理念贯穿于两者之间吧。”

难波的勺子和叉子等作品，是一个木工家具作家站在自己的立场上深思熟虑之后，扎扎实实地做出来的东西。他希望这些经过他深思熟虑后做出的扎实耐用的作品，能够真正地在人们的日常生活中被实际使用。如果客人只是把东西买回家，却一直扔在抽屉里不用，那么无论是作品还是他本人，都会觉得十分孤寂凄凉。

“为了能够让客人发自内心地愿意去使用这些勺子和叉子，我在制作过程中始终特别注意客人使用时握在手中的手感，以及接触到嘴唇和口腔时的触感。做了很多之后容易变得有些马虎，对这一点我也很警惕。”

难波行秀，是一个坚持彻底站在使用者的立场上去进行思考的木工作家。

右图：第 4 届生活木椅展的入选作品“No.3”。原材料是白蜡木（梣树）。

加藤良行

Kato Yoshiyuki

运用宫殿木匠的技术，
制作出器形角度讲究的木制生活道具
意气风发的制作者

小小的木箱凝聚着宫殿木匠的心意和手艺

加藤良行原来是宫殿木匠，也就是专门建造神社以及寺庙等传统建筑的木工匠人。不过，“原来是”这个定义可能并不准确，因为就算是现在，加藤的名片上还是写着“木匠”这两个字。

“虽然我现在一直在做木盘子、小箱子这一类东西，但是我并不想被人称为‘木工作家’，而想以木匠的身份一直工作下去。事实上直到最近为止，我也一直都在帮其他的宫殿木匠做一些相关工作。”

在加藤的作品中，可以看到不少他作为宫殿木匠学习并工作至今的影子。比如说，器形的线条角度。就拿简洁的方盘子来说，从侧面看，你可以发现边缘的线条角度也同样简洁流畅。而让作品的器形如此紧凑简洁的“秘诀”，便是因为他在制作过程中使用了“三寸返勾配”。

“这种倾斜角度一般只有神社和寺庙建筑中才会被经常用到。对于日本人来说，从古至今一直在生活中经常接触神社和寺庙建筑，所以对于这样的倾斜角度是十分习惯并感到亲切的。为了在生活器物上也活用这样的角度设计，我就用了非常简洁笔直的线条去完成器形，并且用凿子很精准地做出了边角部分。我希望能够通过设计，把寺院的造型之美尽量多地融入我的作品之中。”

加藤的作品中有一款名为“道具箱”的圆形小盒子，其制作灵感来自于传统木工中的楔子。仔细观察这个圆形小盒子，你可以发现，无论是盒盖还是盒身，侧板部分都有一个轻缓的向内倾斜的角度。加藤用“挤”字去形容这一个角度的制作方式，因为这个倾斜角度的设计，盒盖和盒身可以非常紧密地合在一起。

“我想找到一个能够没有任何缝隙、紧密地让盒子闭合起来的方法，所以就试着‘挤’了一下盒子的侧面木板。盒子的器形以放化妆品乳膏的瓶子为原型，这种收紧的器形我很喜欢，看上去也很紧致。”

盒盖和盒身的接触点定在了盒身侧板上下高度的中心处，经过实际使用，也证明了这是一个正确的安排设计。

“对于宫殿木匠来说，木头的干燥问题也是必须考虑的。在建造建筑物时，一定要在脑子里设想着几百年后这栋建筑的姿态模样。而我在制作作品时，也抱着同样的心情。”从加藤的这一句话，可以深切地感受到他对于“木匠”这一个身份的重视程度。

“花大工夫”，学习木匠的思考方式

小时候，加藤并没有想过长大之后要做一个木匠。虽然当公务员的父亲在周末也经常会在家做一些小的木工活，但他并没有生活在一个家具职人或是木匠的圈子里。因

用凿子从整块栗木木料中凿刻出椭圆木盘。木材初处理时会使用机械，但实际制作时通常全手工进行。

上 / 小调羹（材料为樱木）、中央 / 调羹（樱木）、右 / 咖啡量勺（日本稠李木）、
左 / 咖喱勺（胡桃木）、下 / 茶勺（桧木）。

方盘。大盘为桧木制。小盘为水曲柳。盘子侧面的线条有着如同寺庙屋檐一般的线条角度。手工凿制，质感颇佳。

椭圆盘。小盘为山榄木。大盘、中盘为胡桃木，大盘尺寸为 197mm×290mm。

1. 笔盒。“原型是以前用的那种赛璐璐的笔盒，也加上了自己特制的线条”。

2. 点心碟。用一整块的胡桃木板材削刻而成，侧面根据折纸研究，设计了一个折角。点心叉用橡木制成。

为喜欢动手做些东西，所以高中毕业后，他进了一所设计专业学校的产品设计制作专业，学习吹制玻璃。但是，他觉得吹制玻璃有点难以成为自己终身的职业，所以就开始考虑家具制作以及木匠的工作。

“我一直觉得，虽然同样是木匠，但宫殿木匠真的可以说是属于另一个世界的，他们的技术非常高超。于是，我就跑去一个专门建造神社和寺庙的公司的工作现场参观。当亲眼看到老师傅造的寺庙时，我觉得就拿现在的自己来说，肯定干不了这个活，肯定造不出这么厉害的建筑物。”

但是，由于抱着既然要成为手工艺人，那么一定要把技术锻炼得精益求精的念头，我还是申请进了这个公司工作。

道具箱。材料为桧木(下),樱桃木(上),樱木(右)。
盖子打开的那一个由胡桃木制成。直径 90cm。

1-2. 工作室的角落放着磨刀石、刨子等各种工具。
3. 樱屋的招牌。由整块山榄木手工削出。“因为想取一个能代表日本的屋号，所以特别选择了‘樱’字，为了有厚重感，还选了以前的字体”。

樱屋
大阪府八尾市西弓削 1-93 西 B-13

木板粗切割状态的椭圆盘原材料。

在工地上，我每天做的基本上都是打杂的活，而打磨各种木工工具也是工作中非常重要的一部分。公司里有很多年轻人，大家每天在完成了自己手头的工作之后，都会像比赛一样开始打磨木工工具。加藤在回家之后，甚至还会在自家浴室里继续研磨刀具。

公司的社长是木工老师傅的儿子，虽然年纪和加藤一样大，但已经是一个手艺非常好的木匠了，他告诉了加藤很多关于木匠工作的严峻之处。

“‘木匠的工作，必须花很大的工夫在实际制作之外。’这个道理也是他教给我的。至今我都铭记在心。为了更快更美地完成作品，组装工具的设计制作也是非常重要的。”

“想做些什么新的东西”，至今仍在摸索的道路上行走

在积累了三年的经验之后，加藤转去了一家京都的公司。在这个公司里，有一个年过七旬、已经在木工这条道路上行走了几十年、身经百战的木工职人。从他身上，加藤学到了很多经验知识，也学到了提高工作效

在工作室研究榫卯组装结构的加藤先生。

率的技巧。在京都度过3年之后，他又转去了奈良的一家公司。在这里，热心的师傅教会了他关于木料的识别使用，以及传统的榫卯结构和搭配组装等技巧。

一边工作一边学习了这么多年，加藤终于决定要将自己一直以来“一个人做做看”的想法具体实现，作为一个独立的木工作家进行工作。当时，他觉得要用至今为止所学的木匠手艺，试着做做家具。但是，因为制作大型的家具势必要用到各种大型的机械，“如果用机械做的话，那么我自己独立出来工作这件事就没有太大的意义了。想到这点，我就放弃了做家具的念头。”他开始研究并制作各种能够体现手工制作优点的日常小物件。

虽然从他的盘子以及勺子等作品真正问世算起，并没有过去多长时间，但东京以及关西的很多著名的买手店和画廊都已经争相邀请他成为常设作者。作为个人手工作者，他的工作蒸蒸日上。现在加藤考虑得最多的事情，就是如何运用传统的榫卯结构以及搭配组装技术，去做些什么新的东西。

“但是，至今我还是没有想到一个具体的方案。”加藤朝着这个方向不断研究和摸索着。运用宫殿木匠的技术，他最终能够做出怎样富有原创性的崭新作品来呢？我们从心底期待着他新作问世的那一天。

* “三寸返勾配”
传统木工技艺之中，使用木工曲铁尺进行测量以及规范角度的一种方式。

加藤良行
（KATO YOSHIYUKI）

1974年出生于大阪府。大阪设计专门学校毕业后，入职大匠建设公司，从事神社木工工作。之后也在京都及奈良等地以神社木工工作积累经验。2005年独立。2007年在神社木工的工作之外，开始制作木道具。2009年春天，以木盘以及调羹等器物为主要作品开始工作。屋号：樱屋。

用木头雕刻出如同
绘本故事般的多彩世界

木工·木雕作家

上原雅子

Uehara Masako

以玉兔为原型设计制作出的兔子人偶

雕刻刀唰的一下削过了木头，留下了似乎是随手雕刻的粗犷木痕。但细细看来，兔子人偶的面容栩栩如生，气质却也颇为纤细柔软，似乎真的就要温柔地活动起来。

“我以月亮上的玉兔为设计原型，试着做了这些兔子。对于日本人来说，大家都应该早已在心里习惯了月亮和兔子一起出现了吧。”

在经常散步的森林之中，上原女士手中拿着的作品以系着锁的船锚为创作原型。左侧的作品为“风之舞”，花瓣可以随风旋转。右侧为“Story one”，主人公是精灵们。

这一系列以兔子为原型的女儿节木雕人偶是上原的代表作。做兔子人偶的材料是樟木，这种木料不硬不软，雕刻起来特别顺心顺手。人偶台则用了刺楸，把整个人偶台反过来看，其实就是一个抽屉柜，这样一来，在不用兔子人偶的时候，也可以很方便地把它们都好好收纳起来。上原不仅会做人偶，桌子呀，抽屉柜啊，还有书柜，她也都会做。

“虽然同时又做木雕又做木工，的确蛮辛苦的，但同样也带来了很多的乐趣。如果别人称呼我为木雕作家的话，其实我自己还蛮不好意思的。”

也许对于上原这个手工作者来说，木雕作家和木工作家的双重身份正是她的魅力所在。

五层“女儿节的兔子”装饰作品。从人偶到乐器甚至是糕点，都是上原女士手工制作的。

“女儿节的兔子”，用雕刻刀将细节处理得分外细腻。

在技术专门学校学习木工后，便走上了这条道路

最早开始以木头为原材料制作手工品的时候，上原还在长崎县的一所小学里当老师。为了缓解日常工作的压力，她在繁忙的工作之余参加了木雕教室的学习，开始尝试着用雕刻刀做木托盘和信件架等小器物。

“削木头的时候，随着看似枯燥的动作，似乎把心里的各种负担也都一起去掉了，真的非常能够让我觉得放松。我想，我应该是和木头很投缘吧。”

结婚之后，上原辞去了老师的工作，搬到了丈夫的工作所在地京都府的绫部。虽然如此，但她还是认定了要把木雕坚持下去。对于当时的她来说，比起买新婚家具，更想要的是电动钢丝锯。

“孩子出生后，我就开始做各种大大小小的玩具。仅仅凭着钢丝锯和家里原来就有的木工工具，无论是滑滑梯还是木马，我都给做了出来。”

因为当时住在丈夫公司的职工宿舍里，家里很小，所以上原就干脆经常在孩子们玩耍的公园里一边让孩子们自己玩，一边在边上拉着锯子锯木料。甚至连推刨子和磨刨子，她也都是自学的。

“等到大的那个孩子上了小学、小的满了3岁之后，我就去技术专门学校学了一年的木工，从刨子的研磨方法，

到加工机械的操作方法，把一整套都学了一遍。想起那段时间，真的超级开心。当时我在的那个家具工艺科的班级，规定只能收20个学生，但同班同学从18岁到60岁都有，年龄跨度特别大，而且大家都胸怀着自己的梦想。那段时间里，我丈夫也一直帮忙做各种家务活，真的是帮了大忙。”

从入学那一天开始，上原就认定了，以后要把木工器物的制作作为自己的职业。于是一毕业，她就立刻找了一间工作室，一边做家具，一边开设木工教室教学生，以此来维持工作室日常的房租和水电开销。因为意识到作为一个专业的木工作家，就一定要有长期销售的基本作品才行，于是女儿节兔子人偶就这样诞生了。

“我试着带着兔子们去参加了一个手工品展览，展览上就有客人下了订单。于是我又试着去参加了全国其他地方的展览，客人们的反响都不错。于是我想这些兔子作为长销产品，应该没有太大问题。”

除了兔子人偶以外，上原此后也接连不断地创作出了很多充满个人特色的作品。从这些作品中，仿佛可以感受到一个梦幻的故事世界。

1. 从种子到发芽。

2. 发芽的种子和游戏在其间的蚂蚁。上原女士的作品给人特别的故事情节感。

3. 拥有纸箱质感的木盒以及红彤彤的苹果。这也是一个有情节的作品。

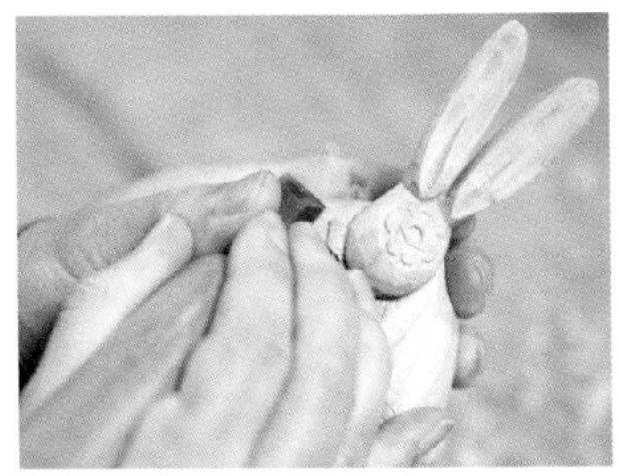

1. 上原女士的餐桌，也是她的工作桌。
2. 五层收纳柜，可以作为女儿节祭桌使用。上原女士以在家具工艺科时学习的精细木工技术制作而成。

从绫部的美好自然中孕育出的作品风格

在丹波Wood Kraft展上，上原的作品“风之舞”获得了奖励奖，这个作品里的木制花瓣在风吹过的时候真的会飘舞旋转。上原用这个作品，讲述了一个在森林中玩耍的女孩爬树时被风吹落帽子的故事。

而用泡桐树的树桩雕凿出的作品“Story one”中的主人公，则是用神奇的纺车纺出了森林中带有各种季节香味的精灵。

“一个很偶然的机会，我得到了这个树桩。看着这个树桩，我脑海里的故事就栩栩如生地膨胀了起来。我想着，要把它做成一个像手绘绘本一样的作品。”

看着上原的作品，会觉得一个原本在绘本上的故事有了立体的形态，出现在了你的眼前，仿佛自己被带入了一个三次元的童话世界。

“我其实在性格上是一个很脚踏实地、很现实的人，离童话世界非常远。”上原说道。但当聊到是不是目前的生活状态和生活方式让她形成了现在的作品风格时，她频频点头。

从孩提时代开始，上原就很热爱自然。小时候经常去山里挖野菜，学生时代参加了青少年徒步旅行的兴趣小组，去到全国各地爬山，接触自然。现在，每天早上做完家务后，她依然会到周围的森林中安安静静地散步闲逛，时不时还会和松鼠面对面地打招呼。

“从山顶眺望绫部的市镇，由良川缓缓地流淌着穿行其间，真的是一个非常美的地方。也许是因为生活在这么一个自然优美的地方，我才成了手工作家吧。如果生活在长崎的话，即使我依然坚持着木雕和木工，做出来的作品也肯定迥然不同。”

最近，上原在艺术展览上看到了法国雕刻家的厚纸板艺术品，颇感兴趣。受到启发后，她在木雕作品中也开始尝试厚纸板纹理的质感表现。“想要一直做下去呢，做那些人们看了之后会忍不住说‘啊，好有趣，觉得心里好舒畅’的作品。”上原说道。

不知道接下来她会创作出怎样充满故事性的作品来呢，真是让人期待。

上原雅子
（UEHARA MASAKO）

1957年出生于长崎县。长崎大学教育学部毕业。在长崎做小学教师时开始了木雕。1983年，因为结婚的契机移居到了京都府绫部市，并开始了玩具和游戏道具的制作。1992年，进入福知山高等技术专门校家具工艺科学习家具制作，毕业后作为木工作家开始独立活动。作品获得第14届丹波森林木手工展第二名，并获第16届该手工展的奖励奖。每年都定期举办个展和群展。

ひな工房（上原雅子）
京都府绫部市上野町西之洼 2-23

发掘木头特质的同时，
着力于再现巴洛克时代的音乐之美
自学成才的古乐器制作家

平山照秋

Hirayama Teruaki

被清脆通透的古乐器音色所深深吸引

低音维奥尔琴（Viola da gamba）、鲁特琴（Lute）、大键琴（Harpsichord）、斯皮耐琴（Spinet）、维吉那琴（Virginal）。

这些全都是乐器的名称。从中世纪到巴洛克时代，这些乐器深受人们喜爱，在各种音乐会中被广泛演奏着。这些乐器被人们统称为“古乐器”，从精选合适的木料，到制作、油漆涂装直至完成，平山照秋凭着一己之力，做完了全部工艺过程。

平山在工作室里拉起了低音维奥尔琴，温暖柔和的音乐充满了整个空间。

平山先生制作的维奥尔琴，顶端木雕的设计灵感来源于古希腊的丰满女性。

“人们常说，大提琴的音色最为接近人类说话的声音。我觉得低音维奥尔琴的音色更像。”

斯皮耐琴看上去像一个超迷你版的钢琴，试着敲击琴键，琴的音色有些像齐特拉琴，清脆通透。鲁特琴的外形看上去很像对半切开的西洋梨，器形很美，拨弄一下琴弦，音色也同样清脆通透。

“古乐器的音色基本上都是这样清脆通透的。乐器的发音很迅速，所以不容易走音。这些被称为古乐器的乐器，最适合演奏活跃在巴洛克时代的巴赫、安东尼奥·维瓦尔第等作曲家的曲目。我希望将这些能够再现巴洛克时代音乐之美的乐器一直制作下去。”

平山放起了一张CD，这是用拨弦古钢琴和巴洛克吉他演奏的奥维尔第的《四季》。音乐响起，的确和平时听惯的《四季》有些不同。

“声音的丰富度很强吧。巴洛克

不同音域的维奥尔琴（Viola da gamba），有着截然不同的大小尺寸和名称。

时代，人们听的应该就是这样的演奏吧。”

在平山22岁时，他和如此美妙的音乐相遇了。

从市政府的技术人员转变为古乐器制作家

“一个非常偶然的机会，我听到了收音机FM频道里播放的低音维奥尔琴的演奏。那温柔而人情味十足的音色让我至今难以忘怀。真的太出色了，原来世间还有这样的乐器。”

平山被低音维奥尔琴的音色所深深迷恋，一周后就跑去了东京的乐器店买琴，想必是立刻想亲手弹奏吧。

当时，平山是西宫市政府的技术人员。他在念高等专业学校时，因为受到了吉他高手朋友的影响，所以就开始学习弹奏古典吉他，甚至还上过专业吉他演奏师的课程。17岁的时候还用配套元件组装过一把吉他。

“我从小就很喜欢做手工。在念高专的时候，选了美术专业，一边画画，一边学习了陶艺和木雕。”

在买到了低音维奥尔琴之后，他在日本国内也很少见的职业演奏家门下接受了入门辅导，甚至还参加了专门演奏文艺复兴时期音乐的演奏团体。此后，因为发现如果能够增加古键盘乐器维吉那琴，那么演奏团体能够涉猎的范围会更广，平山便又买了一套维吉那琴的配套组装元件。

“组装那套零部件可是花了我很

斯皮耐琴看上去像一个超迷你版的钢琴，是16-18世纪时的键盘乐器。宽幅为68cm。

大的工夫。图纸简陋，零部件也有缺损，甚至连说明书都是法文的。不过最后总算也组装起来了。”

也许正是这样的经历经验，让平山有了制作古乐器的自信心。于是，他再接再厉地从零开始，做出了一台高音维奥尔琴。因为这样，他开始在古乐器业余爱好者团体里小有名气，维奥尔琴、鲁特琴、大键琴，制作订单蜂拥而至。当时，他在市政府的工作也非常繁忙，基本上每个月都要加班，虽然如此，在休息日他依旧热情满满地全力制作着乐器。

“虽然当时的工作也很有趣，但是作为公务员来说，其实能够代替自己做同样工作的人也非常多。但制作古乐器就完全不同了，我觉得也没有什么其他人可以取代我。”

于是在32岁时，平山从市政府辞了职。到正式辞职那一天为止，他已经制作了20件古乐器，种类也达到了13种，而这一切都是他自学完成的，没有跟任何一个老师学习过。

好音色的秘诀就是优良的木质和厚度

“对于乐器来说，最重要的就是音色，而好的音色和用来制作乐器的木料质量有着重要的联系。材质、干燥度、厚度这三点，可以说是关键。在制作时，如果没有在脑子里想好，手中制作的乐器应该发出怎样具体的音色，那么肯定是做不出好的乐器的。”

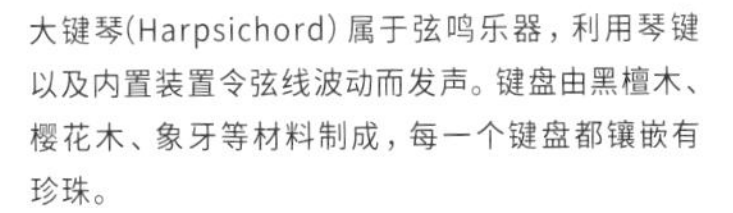
大键琴(Harpsichord)属于弦鸣乐器，利用琴键以及内置装置令弦线波动而发声。键盘由黑檀木、樱花木、象牙等材料制成，每一个键盘都镶嵌有珍珠。

在工作室内拉低音维奥尔琴的平山先生。

无论一把乐器的器形有多美，如果不能真正弹奏出美妙的音色的话，作为乐器来说都是不及格的。这也是乐器制作和其他的木工作品制作之间最大的区别。

“木材的话，我会根据所制作的乐器种类来挑选，从欧洲进口的木材用得比较多，比如唐桧(松树的一种)、枫树等等。”

杨氏模数(Young's modulus)是选择木材时需要参考的一个重要指标，它表示在给木材施加压力后，木材恢复原状的力量大小。欧洲的木材杨氏模数都比较大。弹性好的木材制作出的乐器，在声音的延展性上会更出色。

“在制作维奥尔琴时，琴的面板一般都会选用德国产的唐桧木料。整块面板当中厚、四周薄，中间部分的厚度一般是5毫米左右，四周则是2毫米左右，制作时的微调工作颇为重要。而所使用的木材，虽然在实际制作前已经干燥保存了20年以上，但其实还是远远不够的。对于乐器来说，木料的最佳干燥年数其实是250年左右。所以，斯特拉迪瓦里

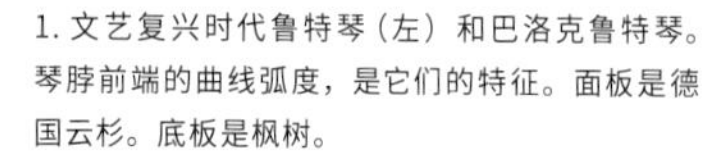

1. 文艺复兴时代鲁特琴（左）和巴洛克鲁特琴。琴脖前端的曲线弧度，是它们的特征。面板是德国云杉。底板是枫树。

2.19 世纪的吉他，以及平山先生最近开始制作的现代吉他。

3. 侧板和底板由枫树制成，能够弹出动人的音色。

鲁特琴的面板制作中，材料是德国云杉。

古乐器制作工房 平山
兵库县筱山市小坂 1041-1
http://www.eonet.ne.jp/~kogakkihirayama

平山照秋
(HIRAYAMA TERUAKI)

1949年出生于兵库县。神户高专土木科毕业后，入职西宫市政府。1982年辞职后独立，成为了国内知名的鲁特琴、大键盘琴等多种巴洛克古典乐器制作和修理的木工作家。修复制作的文艺复兴时期鲁特琴被大分县立美术馆收藏，并且参与修复大阪音乐大学附属音乐博物馆所收藏的1718年制作的小型大键琴(spinet)。

(Stradivarius)在17、18世纪时制作的乐器，现在正好处在最佳的状态。木料的强度很高，弹奏出的音色有着坚实的内芯，弹奏起来发音也十分敏捷。”

接下来，平山会尝试着用一块已经有120年历史的钢琴音板来制作乐器，这块板材已经达到了“会自己发声”的优良状态。此外，他还准备初次尝试挑战制作日本六弦琴，而准备用来做琴的木料，则是曾经在古琴上使用过的泡桐木料。他甚至还接到了竹制管风琴的订单。平山照秋的乐器制作，一定不会仅仅停留于古乐器之上，而能进入更为广阔的天空。

1. 朝南的窗户边，悬挂着木材进行干燥。
2. 乐器的制作过程中，会参考很多欧洲的文献。

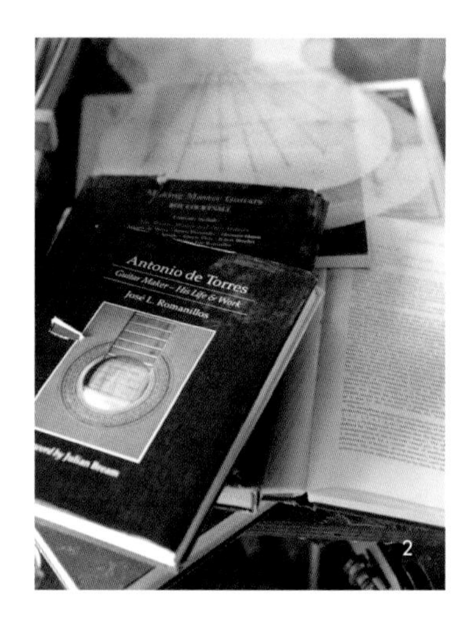

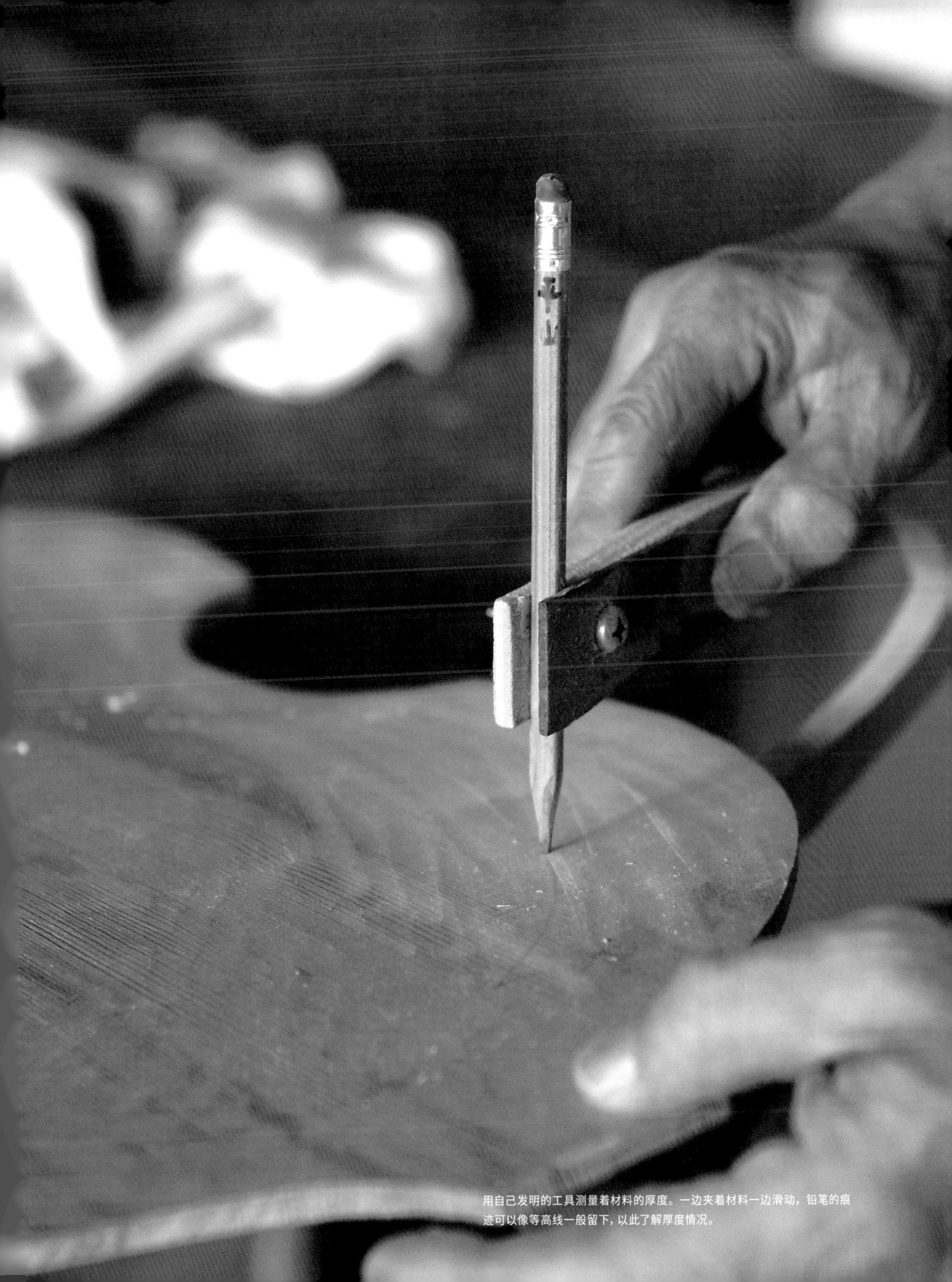

用自己发明的工具测量着材料的厚度。一边夹着材料一边滑动，铅笔的痕迹可以像等高线一般留下，以此了解厚度情况。

单纯明快而又充满了惊喜，让人忍不住便着了迷

木玩具作家

松岛洋一

Matsushima Yoichi

能够激发人类本能的木玩具

敲打、腾飞、粘着、回旋、鸣响、滚动、悬挂……这些各种各样的动词，有机地融合于一体，最终构成了松岛的木玩具。

“比如说，敲打之后如果能够旋转起来，是不是会很有趣？我经常这样和自己‘胡说八道’地进行探讨。言语的排列组合，其实就是构思的源头。在这个基础之上，再去考虑木玩具的构造问题，尝试着多做几次，便最终能够令其成形。”

由这个“敲打旋转”的构思开始，最终诞生的是一款名为“SPOLA”的木玩具。意大利的玩具品牌IL LECCIO都曾和松岛签约，在整个欧洲销售过这款玩具（现在合约已经到期，这款玩具在日本国内以“SPIN”这个名字进行销售）。用拳头用力敲玩具上的木板，装在玩具上的蘑菇形状的陀螺就会一边旋转一边腾飞起来，然后很完美地着地，继续在地面上旋转。根据实际敲打的力度和角度，陀螺都会有不同的表现。无论是大人还是小孩，只要玩上一次，就会一门心思地入了迷，一定要敲打出一个完美旋转的陀螺才罢休。而在意大利语里，“SPOLA”也有着“来来去去”的意思。

而由“敲打、腾飞、吸附”三个单词构成的玩具则是“飞！抓！”。敲打玩具上的木板后，木盒子里就会飞出一个小人偶，人偶的头发部分是一块小铁片，当飞起来之后，碰到玩具立

1. “ SPOLA”。通过调节敲击的力度，让陀螺飞出装置底座，落地继续旋转。原材料使用了拥有一定韧性、不容易破损的山毛榉木。自上而下的三张图为敲击、飞行、旋转。

2. “立方体隧道”。材料为山毛榉。开有圆孔的立方体可以自由组合，游戏的关键是让孩子们思考怎样排列可以让球体自由通过。

3. “拉力赛”。如同两人玩的足球游戏一样。盒子由枫木制成，其他为山毛榉。

4. “飞! 抓!”。用力敲击木板，令人偶向上飞起，人偶头顶的磁铁和上方黄色球体内的磁铁互相吸引。黄球的位置可以上下移动。

5. “CUCU”。可以两个人玩的“打地鼠”游戏。一个人操作三根作为“地鼠”的木棒，另一个人拿着木槌子敲打。根据儿子们实际的游戏感想和意见，反复改良。

6. “相扑运动员”。代表相扑运动员的陀螺，从圆形场地的两端弹出，在场地中决战三百回合。这款由泰国合作玩具工厂制作的玩具，在欧美以及日本都有贩售。

名为“玩具之墙”的作品，位于锦绫幼儿园（京都市北区）的校舍墙壁上。玩具墙被分为四个区域。从左至右为“圆球的道路”“圆盘速降道”“飞！抓！”和“嘎达嘎达的小人们”。每当自由游戏时间开始，这里总是聚集着很多孩子。

1. 右侧的人形木偶一边嘎达嘎达地响着，一边掉落。“嘎达嘎达的小人们”。
2-3. 速降道上，有着旋涡图案的圆盘，五颜六色。

柱上悬挂的吸铁石小球，就会连接成一体。虽然是这么简单的一个原理，但实际玩起来却颇有难度。力度太强或太弱，都不能让小球和人偶吸到一块儿去。所以在完成“完美一吸”之前，大家都会固执地玩上很多次。

“我做的玩具，会经由人们实际所使用的力量大小以及手指的运动方式而产生各种惊喜与趣味。根据不同的玩法，会成功也会失败。这些玩具都是纯机械性的玩具，没有任何数码化的部分，在玩的过程中，能够充分地激发人们的感觉。”

松岛做的玩具看上去都很简单，但也许正是这种“简单”才让人特别着迷。玩具出人意料的运动轨迹，让玩的人情绪立刻就高昂了起来。这一切，也许都激发了人类的本能吧。

1. “飞！抓！”。用力敲打木板，让人偶飞起来，吸住头顶上方的磁铁。
2. 正在修理“玩具之墙”的松岛先生。

从中学的美术教师转型为木玩具作家

因为父亲是平面设计师，所以时不时会把工作带回家，在家画草图和海报。看着父亲工作的样子长大的松岛，孩提时代经常会在笔记本的角落里涂涂抹抹铁臂阿童木、铁人28号等各种动漫人物。中学时代，他对于手工技术课上的木工作业也颇为期待。中学毕业后，进了普通的高中，但一边上学也一边去学了素描，最后考大学时，更是选了师范大学的美术学科。因为想做些立体的作品出来，所以他选择了工艺专业。“我觉得玩具并不是艺术品，而是融合了各种设计要素的一种东西，同时又把这些要素用立体的方式表现了出来，所以从那时起就很感兴趣。”松岛的毕业作品，便是木玩具。

大学毕业后，他在京都的一所高中里当美术科的老师，一边做班主任一边教课，每天都忙忙碌碌。

“因为不仅仅是教美术课，而且还要做班主任，另外更有一些学生辅导的工作，每天都排得满满当当，完全挤不出一点时间来创作作品。但即便如此，只要是见缝插针地稍微用木头随便做些东西，整个人就都会立刻安静下来。我想，果然自己还是更适合做手工艺啊。”

于是，在过了30岁生日之后，他辞去了老师的工作，以独立手工作家的身份开始工作。当时他已经结了婚，身为幼儿园老师的妻子也十分支持他的决定。松岛一边在小学生的课外手工教室以及和玩具相关的专门技术学校里兼职教书，一边创作着自己的木玩具。从现存的作品看来，那个时期的作品还是以人们常见的交通工具以及组合人偶等玩具为主。

松岛一心想着要赶快找到自己的原创性，在手工教室和孩子们玩的过程中，他突然恍然大悟，于是创作了一款名为“啪嗒”的玩具。这款玩具的玩法，是用一个木锤子去敲击一块由很多木片组成的木块，一锤子下去之后，木片四溅，然后再通过吸铁石将内含铁片的木片收集复原成一个木块。这一款极简的玩具，就是松岛“敲打”系列玩具的第一号作品。

简单的原理和构造，是纯机械性玩具的魅力源头

“我一直想着要做些人们到现在为止都从没见过的作品。但是，当‘敲打’形式的作品真正成为系列并展示出自己的特征，也差不多要到我独立工作10年之后了。”

从此，松岛开始出色地活跃在了木玩具界。就如前文中所谈及的，和言语紧密联系的木玩具持续不断地被创作出来。甚至在参加德国的玩具展览后，海外客人的订单也蜂拥而至。

近期，松岛开始尝试着手制作大型的装置性木玩具。虽说尺寸和以往的作品不同，但由“敲打”“旋转”等基本要素构成却没有任何改变。在大型的作品中，松岛所思考的内容更多重地集合在了一起。这些作品凝聚了他美好的愿望，那就是：希望孩子们能自然地被吸引，聚集于玩具周围，通过实际动手操作玩耍，不断地试错，并从这个过程中获得真正的成长。

“这些玩具和那些用塑料做成的块状拼接玩具不同，并不是组合搭建起来就完成了。我希望能做出那些让孩子们能够自我思考，然后并不会因为在玩耍过程中一次又一次的试错失败而产生厌倦，能够一直开心地玩下去的玩具。而且重要的是，这些玩具都是用山毛榉木料做成的构造简洁单纯的东西。”

无论是何种尺寸大小，松岛的木玩具都让身处数字化现代社会的人们感受到了温暖和亲切。也许，纯机械性木玩具所蕴含的单纯和明快，正是它们的魅力所在吧。

“我总是一边试做新作品，一边将确定的步骤准确地记录在图纸上。”松岛先生手中拿着的是迷你小木马。

玩具的图纸。

松岛洋一
(MATSUSHIMA YOICHI)

1954年出生于大阪府。京都教育大学特修美术科毕业。曾任中学美术科教师，1985年独立。创立工作室M-Toys，以木质玩具的创作、设计以及workshop为主要工作范围。曾获得第1届全国木手工展最优秀奖等。更与意大利等海外玩具品牌合作，在世界范围拥有很高的知名度。

M-Toys アトリエ（松島洋一）
京都府宇治市木幡南山 80-267
http://www.geocities.jp/mtoys222/

关于本书中所出现的木材的简介

【日本国产】

银杏

乍一看是阔叶树，但其实属于针叶树的同类。肌理细腻，没有明显的木纹。银杏木不仅有气味浓烈的个体，也有完全没有气味的个体。经常用来制作砧板以及象棋等制品。

枫

阔叶树，散孔材。在木材中如果提到"枫"，通常会指"板屋枫"（色木槭）。强度和硬度都很高，且有韧性，油脂丰富。肌理顺滑优雅。适合制作家具、乐器、装饰板凳。

栗

阔叶树，环孔材。年轮纹理明显，油脂丰富，耐水性强。不容易开裂。木料硬度十分均质。从绳文时代开始就被用来制造房子的地基，也多用作家具和木雕。

桦树

阔叶树，散孔材。种类繁多，在木材店中可以看到"真桦""目白桦"等各种名称。桦树的材质总体来说硬度高，有韧性，油脂丰富，木纹质感优雅。适合制作乐器和家具等。

泡桐

阔叶树，环孔材。泡桐和刺桐一样，都是木质最柔软、自重最轻的木材。根据吸湿性良好，分量轻等特征，适合制作家具(特别是抽屉柜的内衬)以及箱子、拖鞋等。

神代

长期埋藏在土中的木材的总称。颜色呈现为黑褐色。由于各种原因被挖掘出来的神代木气质特别，适合做各种工艺品以及装置艺术品。

楠、樟

阔叶树，散孔材。很容易获得大面积木料的木材。相对材质比较柔软，有美丽的木纹。樟脑的香气是这类木材的特征之一。用于木雕佛像和家具等制作，也可制作樟脑丸等防虫材料。

橡木

阔叶树，散孔材。日本国产阔叶树木材中的代表之一，无论是硬度、色彩还是质感以及加工便利性都颇为优秀。会有如同老虎皮毛纹理一般的木纹出现。适合制作各种家具。

水曲柳

阔叶树，环孔材。适中的硬度以及油脂度。木纹笔直，清晰均等。适合制作家具、球拍等运动器材，也适合作为曲木工艺的原材料使用。

日本七叶树

阔叶树，散孔材。在阔叶树中木质柔软的一种。生长过程中容易歪斜，耐久性较差。木色呈奶油色，表面光滑。适合根据木料原本的纹理以及形态，制作木工艺品以及细木工艺品。

榉

阔叶树，环孔材。日本阔叶树的代表树种。木质肌理有光泽，年轮和木纹都明显美观。硬度根据个体会有差异。耐久性好。适合制作家具、建材、工艺品等，用途广泛。

日本稠李

阔叶树，散孔材。在樱树种中，木材质感在硬度、油脂、细腻等细节上平衡度非常好的一款木材。比起其他樱木，颜色更偏深红一些，十分优雅。适合制作家具。

青刚栎

阔叶树，散孔材。青栲、水青冈都是属于青冈栎的树种。在日本产的木材中，硬度和重量仅次于蚊母树。油脂丰富，有韧性且耐水性强。适合做刀柄或工具的手把部分。

象蜡树

阔叶树，环孔材。木材质感和水曲柳相似，不容易分辨。象蜡树的黄色，比水曲柳更淡一些，光泽更强。木纹通畅，加工便利。适合制作家具、建材、木工艺品等。

刺楸

阔叶树，环孔材。清晰的木纹以及白皙的肌理是刺楸的特征。软硬程度适中，加工便利。经常用作家具以及工艺品的制作。由于木纹类似榉木，也会作为榉木的替代品使用。

山毛榉

阔叶树，散孔材。适度的硬度和油脂含量。木质纤维细腻笔直，容易进行弯曲的工艺。在使用时如果没有完全干燥，容易开裂变形。适合制作曲面木制品、玩具等。

日本厚朴

阔叶树，散孔材。相对较轻的木材重量，依然拥有良好的柔韧度和油脂度。不容易开裂和变形。加工便利。适合制作木雕、砧板、刀鞘等。巨大的树叶也用于制作味噌食物。

胡桃

阔叶树，散孔材。材质不软不硬，木纹笔直，不容易歪斜，油脂丰富，同时具有一定的韧性。方便加工，是制作家具和木雕的好材料。

阔叶树材的导管在横切面上呈孔穴状称为管孔，这些管孔用于运输水分和养料。根据管孔的排列，可以分为以下几种。
1 环孔材：管孔大，沿着年轮的边界线排列。这种类型的木材包括水曲柳、刺槐、榆、刺楸、麻栎、黄波罗、板栗、桑等。年轮明显。
2 散孔材：均匀或者比较均匀地分布在年轮中。这种类型的木材包括槭木、椴木、木兰、木华木、香樟、杨木等。年轮不明显。
3 辐射孔材：从年轮中心点沿半径方向呈辐射状，可穿过一个或数个年轮。如青冈栎、拟赤杨、石栎属、绵槠等。

榆

阔叶树，环孔材。市场上流通的多为春榆这个品种。木纹清晰美好，具有一定的硬度，油脂丰富。生长时非常容易歪斜异形。木色为绯红色加上奶油色。适合制作家具以及建材。

桧

针叶树。木纹细腻美好，有着独特的香气以及光泽。材质比较轻，柔软但强度很好。耐水性以及耐虫害性强。加工便利。是日本产针叶树的代表之一。适合制作浴缸、建筑材料等。

松

针叶树。无论是红松还是黑松，在木材市场都会被称为“松”，进行销售流通。年轮纹理粗犷清晰。材质质感会有地域差异。加工便利。适合作为建筑材料使用。

樱

阔叶树，散孔材。种类众多，山樱是常见的品种。硬度适中，油脂丰富，加工便利。常用来制作木版画以及和果子模型。

杉

针叶树。自古便被用作建筑材料的木材种类。是日本人十分熟悉的日本产针叶树的代表树种。在针叶树种中，质感比较柔软，木纹笔直。各地杉树会有一定的区别。

【海外产】

黑檀

阔叶树，散孔材。正式的名字应该是黑核桃。质感细腻坚硬。木材笔直少歪斜，油脂丰富。耐摩擦和撞击，耐久性良好，适合制作家具。颜色较深，方便日常使用。

白梣

阔叶树，环孔材。水曲柳的同类。比日本产的水曲柳稍许硬度高一些，同时油脂也丰富一些。耐冲击性强。木纹笔直美好。适合制作球拍等运动器具。

落羽杉

针叶树。日本名为“沼杉”。树木可以长到40 m以上的高度。生长在沼泽地和湿地的附近，气根如同竹子一般笔直。质感特别的气根，经常作为艺术品或装置品的原材料使用。

云杉

针叶树。轻质而柔软。木纹笔直细腻均一。个体差别小。很容易获得大块的木材原料。加工便利。适合作为各种建筑材料以及建筑工具材料使用。

柚木

阔叶树，散孔材。世界三大名木之一。木质不软不硬，油脂非常丰富，耐水性和耐磨性非常强。木材会有特别的酸味。适合制作高级家具、地板等，用途广泛。

美国樱桃木

阔叶树，散孔材。硬度适中，加工便利。整体质感和日本产的山樱木相似。木心部分呈粉色和绿色。经过长时间使用，木材会呈现美好的焦糖色。适合制作各种家具。

美国松木

针叶树。又名“花旗松”。是原产于美国西部地区的一种松树。木质强度好，比日本的杉树硬度高。木纹清晰细腻美好，加工便利，是良好的建筑材料。常作为建筑材料使用。

非洲黑檀

阔叶树，散孔材。黑檀的另一个品种。因为和黑檀非常相似，所以被取名为“非洲黑檀”，本名为非洲黑木。因为是玫瑰木的同类，所以非常坚硬。适合做乐器，如钢琴的黑色键盘部分等。

北美枫树

阔叶树，散孔材。在众多的北美枫树品种中，有木质重、硬度高、油脂丰富的品种，也有柔软轻质的品种。木纹美好，常用于家具制作以及室内装修使用。

德国云杉

针叶树。又名欧洲云杉。轻量柔软，加工便利。木纹笔直美好，木质细腻。不仅适合作为建筑材料以及合成板材使用，也适合制作小提琴或吉他等乐器的面板。

核桃

阔叶树，散孔材。正式的名字应该是黑核桃。质感细腻坚硬。木材笔直少歪斜，油脂丰富。耐摩擦和撞击，耐久性良好，适合制作家具。颜色较深，方便日常使用。

山榄

阔叶树，散孔材。从东南亚到太平洋地区都有种植的山榄科植物的总称。颜色是略带红色的明亮咖啡色。整体没有特别的不良之处，加工便利。适合作为建筑材料使用。

后记

回想起10年前，当我还生活在北海道的时候，出版了《北方的木工事业—— 20人的工房》一书，其中介绍了20位和木头紧密连接的家具作家、手工艺作家以及设计师。5年后，我又幸运地获得了撰写出版信州地区木工从业者的书籍的机会，也因此发表了《北方的木工匠人们--从信州25位木工作家的工房开始》。直到今天，作为这个系列的关西版，也终于出版了。

从北海道、信州到关西地区，在长时间的采访过程中，我看到了各个地区的个性鲜明之处。

北海道地区可以说是以旭川家具为代表的，当地拥有众多善用橡木、水曲柳等当地木材，制作北欧风格家具以及手工制品的从业者（最近进口木材的使用也在增多）。而信州地区，则是以自古相传的传统木料处理方式以及民间用品的制作生产为主，当地有着根系发达的产业链。在这样的土壤上，伴随着松本民艺家具制作的发展，以及新移居此地的家具作家、手工作家以及工作室的增加，信州的木工行业给人以能量非常旺盛的印象。

而关西地区，在采访中令我印象深刻的则是关于日本传统工艺的代代传承，无论是京都细木工艺、整木凿刻，还是大漆工艺等的经典传统技艺都没有丝毫缺失。在整个关西地区，以木为原材料进行着创作和制造的人们，类型非常丰富。无论是纯正的传统工艺作家或职人，还是设计着现代时髦的家具和手工器物的木工作家，抑或因为制作餐具系列而人气十足的手工作者，所有的人，似乎都认真生活和努力工作在一个富含“传统精神”的氛围之中，虽然可能这个氛围如同空气一样透明，但却能时时刻刻感知。

特别是以“人间国宝”黑田辰秋(1904 — 1982)为起始的一脉，至今依然强烈地影响着木工艺行业。本书中所登场的木工作家们，其中不仅有他的直系弟子、隔代弟子,甚至还有隔了数代的徒弟。而与黑田先生同年代的木工艺家竹内碧外，同样也拥有着众多活跃在第一线的徒子徒孙。而纵观关西地区那些从大学艺术系学部毕业的年轻木工作家或设计师们，其中很多人，同样是在作为编外讲师的工艺家或资深家具职人的教育之下学习了木工的基本。而即使是通过参加职业训练学校而习得技能，独立成为木工作家的人，也比其他地区的学生拥有更多接触传统文化的机会。每一个人，虽然本人可能并没有太大的感知，但确实都多多少少受到这一氛围的影响，纵观关西的木文化，从舒适现代的家具，到经典传统的工艺，一应俱全，真的非常博大精深。

由这一片土壤孕育而生的丰富家具和器物作品，切合本书主题“伴随一生的木器和家具”的优秀作品众多。希望大家也能有机会亲手拿起它们，在自己的日常生活中实际使用，那么一定会感受到不一样的美好。我自己几乎每一天都使用着书中介绍的木工作家所制作的餐具，真的是越用越爱不释手。

最后，再一次感谢大家在百忙之中，依然全力协助，真的非常感谢。与此同时，我还要对本书的摄影师渡部健五先生、松浦光洋先生,平面设计师高桥雅子女士,《大人组》编辑部的每一个人，以及为本书提供各种信息的人们，都表达深深的谢意。

西川荣明

图书在版编目(CIP)数据

伴随一生的木器和家具 / (日) 西川荣明著；曲炜译. -- 上海：文汇出版社，2021.5
ISBN 978-7-5496-1916-0

Ⅰ. ①伴　Ⅱ. ①西　②曲… Ⅲ. ①木制品—介绍 ②木家具—介绍 Ⅳ. ①TS66

中国版本图书馆CIP数据核字(2016)第274363号

伴随一生的木器和家具

从关西28位木工作家的工房开始

京都·大阪·兵库·滋贺

作　　者 /【日】西川荣明
译　　者 / 曲炜
责任编辑 / 戴铮
装帧设计 / 徐洁、郭奕然

出版发行 / 文匯出版社（上海市威海路755号 邮编200041）
印刷装订 / 上海锦佳印刷有限公司
版次 / 2021年5月第1版
印次 / 2021年5月第1次印刷
开本 / 787×1092 1/16
字数 / 80千
印张 / 15.25

ISBN 978-7-5496-1916-0
定价 / 118.00元